Software Design plus

JN099992

中井悦司

［著］

Google Cloud
で学ぶ
生成AIアプリ
開発入門

フロントエンドからバックエンドまで
フルスタック開発を実践ハンズオン

技術評論社

はじめに

「生成AIを使ったアプリを開発してみたい！」── 本書は、そんなあなたのための一冊です。生成AIが誰でも簡単に使える時代が来て、チャットのインターフェースで調べ物をしたり、プロンプトの呪文（？）を投げて好みの画像を生成したりと日々の生活に役立つ用途が話題にのぼります。また、その一方で、個人で利用するだけでは飽き足らず、「生成AIを活用した新しいアプリを作って人々に提供してみたい」「業務システムに生成AIを組み込む方法を知りたい」、そんな思いを持つ方も増えているようです。

とはいえ、実際に動くアプリを作り上げるには、生成AIの使い方に加えて、エンドユーザーに見せる画面を作るフロントエンドの開発や、生成AIに命令を投げて結果を取得するバックエンドの開発など、さまざまな知識が必要になります。どうしましょう？　安心してください！　Google Cloudには、生成AIのサービスに加えて、フロントエンドからバックエンドまで、フルスタックの開発を支えるさまざまなサービスやツールが揃っています。

本書では、Google Cloudを活用して、実際に動作する次の4つのアプリを開発する方法を学びます。

- **英文添削アプリ**：入力した英文をAIが文法的に正しい文章に直したうえで、ネイティブ風のより洗練された表現を教えてくれる
- **ファッションを褒めるチャットボット風アプリ**：人物の画像をアップロードすると、その人のファッションをAIが褒め称えてくれる
- **スマートドライブ**：PDFドキュメントを保存すると、ドキュメントの要約テキストをAIが生成してくれる
- **ドキュメントQAサービス**：AIに質問すると、スマートドライブに保存したドキュメントから質問に関連したページを検索して、その内容をもとに回答してくれる

いずれもシンプルなアプリですが、生成AIアプリの開発に必要な要素がぎゅっと詰まった内容です。生成AIはまだまだ新しい技術のため、生成AIそのものの機能は今後も急速に変わっていくでしょう。しかしながら、「生成AIを活用したアプリを作る」ための基本となる技術は変わりません。生成AIアプリの開発に興味はあるけどどこから始めていいのかわからない、そんな方々が最初の一歩を踏み出す手助けになれば幸いです。

2024年3月　中井 悦司

謝辞

　本書の執筆・出版にあたり、お世話になった方々にお礼を申し上げます。本書の構想は、技術評論社の池本公平氏から「生成AIの書籍などいかがですか？」との気軽な提案をいただいたところから始まりました。生成AIがブームになり、個人で生成AIサービスを活用するためのガイド本が多数出版される中、もう一歩先を見据えて、アプリ開発をテーマにしようと決断し、私の周りのクラウド技術に関わる仲間と相談させていただきました。本書で取り扱うアプリの一部は、長谷部光治さんと脇阪洋平さんがワークショップ用に開発したサンプルアプリのアイデアがもとになっています。また、下田倫大さんと星美鈴さんからは本書の内容について、さまざまなアドバイスをいただきました。あらためて感謝の気持ちをお伝えします。

　そして、私事になりますが、本書が出版される4月には、愛娘の歩実が高校生になり人生のあらたな道を歩み始めることになりました。心身両面で健康的な生活を支えてくれて、そしてまた、私の書籍が出版されるたびに、謝辞を読むのを楽しみにしてくれている、妻の真理と愛娘の歩実にも、再び、感謝の言葉を贈りたいと思います。「いつもありがとう！」

本書が対象とする読者

　本書は、Google Cloudのサービスを活用しながら、生成AIを利用したアプリの開発がハンズオン形式で体験できるように構成されています。既存の生成AIサービスを使うだけではなく、「生成AIを活用した新しいアプリを作って人々に提供してみたい」「業務システムに生成AIを組み込む方法を知りたい」という方に最適な内容です。Google Cloudのサービスやアプリ開発に使用するライブラリの使い方も基礎から説明していますので、これまでにアプリ開発の経験がない方でも、気軽に読み進めていただけます。

本書の読み方

　本書は、第1章から順に読み進めることで、クラウド上でのアプリ開発の基礎と生成AIをアプリに組み込んで利用する方法を段階的に学ぶことができます。本書の手順に従って、実際に動くアプリの開発をハンズオン形式で体験していきます。各章での作業内容は、それまでの章の作業が完了していることが前提になりますので、途中の手順を読み飛ばさないように注意してください。

　また、本書で使用するプログラミング言語は、フロントエンドで使用するJavaScriptとバックエンドで使用するPythonです。これらのプログラミング言語についての説明は含まれていませんので、JavaScriptとPythonをまだ使ったことがないという方は、参考書籍などで事前に学習しておくとハンズオンがよりスムーズに進められるでしょう。

本書で使用するコードは、次のGitHubリポジトリで公開されています。ディレクトリ「genAI_book」の内容が本書で使用する部分になります。

● https://github.com/google-cloud-japan/sa-ml-workshop

書籍内でコードを引用する際は、説明のために行番号を付与しています。実際に入力する際は、行番号を入力する必要はありません。出版後に発見された修正点や補足情報については、技術評論社のWebサイトで公開していきます。

● https://gihyo.jp/book/2024/978-4-297-14171-4

目 次

第3章 ┃ PaLM APIを用いた バックエンドサービス開発 63

第4章 ┃ LangChainによるPDF文書処理 123

第5章 ┃ ドキュメントQAサービス 163

第 **1** 章

前提知識

1.1 Google Cloud入門

1.1.1 Google Cloudの基礎知識

　本書では、Google Cloudの生成AIサービスを利用した、「実際に動作するWebアプリケーション」の作り方を具体例を通して学びます。これらのWebアプリケーションは、生成AIサービスだけではなく、さまざまなGoogle Cloudのサービスを組み合わせて実現します。ここではまず、Google Cloudの利用を開始するときの流れと、Google Cloudを利用するための基礎知識をまとめます。

Google Cloudを利用する流れ

　Google Cloudを利用する際は、Googleアカウントの作成が必要です。作成したアカウントでGoogle Cloudにログインした後に利用を開始します。そして、Google Cloudを使ってシステムを開発するときは、はじめにプロジェクトを作成します。プロジェクト内で作成した仮想マシンやストレージなどのリソースに対して、プロジェクト単位での課金が行われます。一般には、開発するシステムごと、あるいは、開発環境・テスト環境といった環境ごとにプロジェクトを分けて利用しますが、本書では、簡単のために、1つのプロジェクトの中ですべてのアプリケーションを構築していきます。

　また、使用中のプロジェクトをシャットダウンすると、その中で使用していたリソースはすべて削除され、一切の課金が行われなくなります。テスト用のプロジェクトを作成して、テストが終われば、プロジェクトごとシャットダウンするという使い方もできます。このようにすれば、リソースを停止・削除し忘れて、無駄な課金が発生する心配がありません。これらの準備作業は、すべてWebブラウザで行うことができます。

　プロジェクトを作成した後に、Google Cloudのリソースを操作する方法は、大きく2つあります。Webインターフェースを提供するクラウドコンソールを使用して、ブラウザから操作する方法と、Google Cloud SDKを導入した端末から、gcloudコマンドで操作する方法です。本書では、これら2つの方法を組み合わせて利用します。

　なお、クラウドコンソールは画面の上部に検索バーがあり、ここからさまざまな設定画面を検索して呼び出すことができます（**図1-1**）。この後、各章の説明の中に、ナビゲーションメニューの特定項目を選択する指示がありますが、項目を探し出すのが面倒な場合は、検索バーに項目名を入力して検索することもできます。

図1-1 クラウドコンソールの検索バー

| ≡ Google Cloud | •: cloud-genai-app ▼ | スラッシュ (/) を使用してリソース... | 🔍 検索 |

ダッシュボード　　　　アクティビティ　　　　推奨事項

ユーザーアカウントとサービスアカウント

　あるユーザーアカウント（Googleアカウント）でログインした状態でプロジェクトを作成すると、そのユーザーアカウントはプロジェクトオーナーに設定されて、該当プロジェクト内のすべてのリソースを自由に操作できます。一方、仮想マシンで稼働中のアプリケーションがデータベースにアクセスするなど、プロジェクト内で稼働するアプリケーションが、プロジェクト内の他のリソースを操作する場合があります。このような場合は、それぞれのアプリケーションに対して、特定の個人に紐づかない「サービスアカウント」と呼ばれるアカウントを割り当てます。

　アプリケーションは、割り当てられたサービスアカウントの権限で他のリソースを操作するので、該当のサービスアカウントに対して、必要な権限を事前に設定しておきます。この設定は、Google CloudのIAMと呼ばれる機能で行います。IAMを使用すると、リソースの種類や操作の内容など、非常に細かな粒度で権限を設定することができますが、本書では、事前に用意された「ロール」をサービスアカウントに割り当てて使用します。ロールは、複数の権限をひとまとめにしたもので、データベースへのアクセスやCloud Storageのファイルの読み書きなど、典型的なユースケースに合わせたものがあらかじめ定義されています（**図1-2**）[注1]。

図1-2 ロールによる権限設定

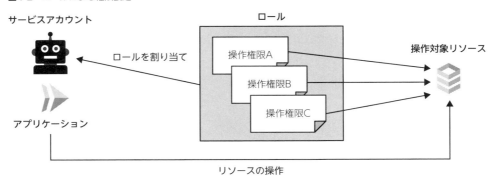

サービスアカウント　　　　　　　　　ロール

ロールを割り当て　　　操作権限A　　　　操作対象リソース

操作権限B

アプリケーション　　　　操作権限C

リソースの操作

注1　ユーザーが独自のロールを定義することもできます。事前に用意されているロールを「事前定義ロール」、ユーザーが定義したロールを「カスタムロール」といいます。本書では事前定義ロールだけを使用します。

　本書では、**表1-1**のサービスアカウントを作成して、**表1-2**のロールを割り当てます。それぞれのサービスアカウントの役割やロールが持つ権限の内容は、各章の本文で説明します。

表1-1　本書のアプリケーションで使用するサービスアカウント

サービスアカウント	利用目的	作成する場所
firebase-app	テストアプリをCloud Runにデプロイ	「2.5.3　Cloud Runへのデプロイ」
llm-app-frontend	フロントエンドをCloud Runにデプロイ	「3.2.3　フロントエンドの実装」－「サーバーコンポーネントの作成」
llm-app-backend	バックエンドをCloud Runにデプロイ	「3.2.2　バックエンドの実装」－「Cloud Runへのデプロイ」
eventarc-trigger	Eventarcのトリガーを実行	「4.2.1　Eventarcによるイベント連携」－「Eventarcの設定」
Cloud Storageのサービスアカウント（実際の名前は環境に依存）	Eventarcのトリガーを実行	自動で作成されるGoogle管理のサービスアカウント

表1-2　本書のアプリケーションで使用するロール

サービスアカウント	割り当てるロール	設定する場所
firebase-app	firebase.sdkAdminServiceAgent	「2.5.3　Cloud Runへのデプロイ」
llm-app-frontend	firebase.sdkAdminServiceAgent	「3.2.3　フロントエンドの実装」－「サーバーコンポーネントの作成」
	run.invoker	「3.2.3　フロントエンドの実装」－「サーバーコンポーネントの作成」
llm-app-backend	aiplatform.user	「3.2.2　バックエンドの実装」－「Cloud Runへのデプロイ」
	storage.objectUser	「4.2.2　Webアプリケーションの実装」－「バックエンドの実装確認とデプロイ」
	cloudsql.client	「5.2.1　バックエンドの実装確認とデプロイ」
eventarc-trigger	eventarc.eventReceiver	「4.2.1　Eventarcによるイベント連携」－「Eventarcの設定」
	run.invoker	「4.2.1　Eventarcによるイベント連携」－「Eventarcの設定」
Cloud Storageのサービスアカウント	pubsub.publisher	「4.2.1　Eventarcによるイベント連携」－「Eventarcの設定」

リージョンとゾーン

　Google Cloudで使用するリソースは、世界各地のデータセンターのインフラで稼働します。プロジェクト内でリソースを作成する際は、リージョン、および、ゾーンによって、リソースを配置する地域が指定できます。リージョンは、米国中部、東京、大阪といった地域を表します。また、1つのリージョンの中にゾーンと呼ばれる複数の区画があります。

　リージョンやゾーンを指定する方法は、使用するサービスによって異なります。たとえば、Compute Engineのサービスを利用して仮想マシン（VMインスタンス）を構築する際は、

リージョンに加えて、その中のゾーンまで指定します。あるいは、コンテナでアプリケーションをデプロイする Cloud Run を使用する際は、リージョンだけを指定します。Cloud Run は、複数のコンテナでオートスケールする機能があり、自動的に複数のゾーンにまたがってコンテナをデプロイします。複数のリージョンのリソースを使用するマルチリージョンのサービスでは、リージョンよりもさらに大きな「US（アメリカ）」や「ASIA（アジア）」といった単位で地域を指定することもあります（**図 1-3**）。本書で構築するシステムでは、「5.3 Vertex AI Search による検索サービス」で使用する Vertex AI Search を除いて、すべて東京リージョンのリソースを使用します。

図 1-3　マルチリージョン／リージョン／ゾーンの関係

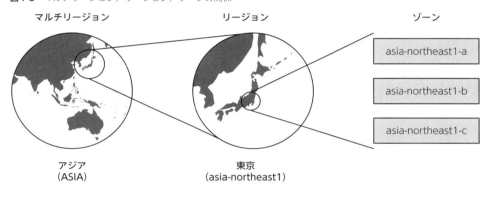

1.1.2　本書で使用する主なサービス

　ここでは、本書で使用する Google Cloud の主要なサービスについて、その機能と、本書での使い方を簡単にまとめておきます。ここでは、あくまで本書の手順で必要となる情報だけを記載しています。より詳細な情報については、公式ドキュメントなども参考にしてください[注2]。

Compute Engine

　Compute Engine は、仮想マシン（VM インスタンス）を作成するサービスです。VM インスタンスを作成した後は、ゲスト OS に SSH でログインして操作しますが、この際、クラウドコンソールからブラウザ版のコマンド端末を開くことができます。仮想マシンのゲスト OS には、Google Cloud を操作するための Google Cloud SDK が事前に導入されています。本書では、アプリケーションの開発環境として使用する仮想マシン（開発用仮想マシン）を

注2　https://cloud.google.com/docs

作成して、この中でアプリケーションのコードを作成したり、プロジェクトのリソースを操作したりといった作業を行います。

　また、仮想マシンに外部 IP アドレスを割り当てることで、仮想マシン上で稼働するアプリケーションに、インターネットからアクセスすることができます。本書では、開発したアプリケーションの動作確認を行う際に、開発用仮想マシンのローカルで開発用 Web サーバーを起動しておき、外部 IP アドレスを利用して、手元の PC からアクセスするといった使い方をします。コードを編集するエディタには、デフォルトでインストールされている VIM を使用する想定です。その他のエディタを使用したい場合は、自分でゲスト OS にインストールして使用してください。ゲスト OS は、Debian Linux です。

PaLM API と Vertex AI Studio

　PaLM API は、Google が独自開発した大規模言語モデルを使用するための API サービスです。Google Cloud には、AI/ML に関連した機能をまとめて提供するサービスの Vertex AI があり、PaLM API は Vertex AI が提供する機能の1つです。また、クラウドコンソールには、PaLM API をはじめとする生成 AI の機能をブラウザから利用できる Vertex AI Studio があります。本書では、Vertex AI Studio を使って、PaLM API の基本機能を確認した後に、アプリケーションのバックエンドとして組み込んでいきます。

Vertex AI Workbench

　Vertex AI Workbench は、オープンソースの JupyterLab の環境をマネージドサービスとして提供します。Workbench のインスタンスを作成した後に、クラウドコンソールから JupyterLab の管理画面を開いて使用します。JupyterLab は、Jupyter ノートブックを使用するための統合環境を提供します。

　本書では、Web アプリケーションのバックエンドを Python で実装しますが、PaLM API を用いたバックエンドを開発する際は、まずは、言語モデルをどのように利用すれば期待する結果が得られるのか、プロトタイプを用いて試行錯誤する必要があります。そこで、ノートブック上で対話的にコードを実行しながらプロトタイピングを行い、期待する結果を得るためのコードが決まったら、これをバックエンドのコードとして実装します。

Firebase

　Firebase は、Google が提供しているモバイルおよび Web アプリケーションの開発プラットフォームです。Google Cloud のリソースをバックエンドとした Web アプリケーションを作成するうえで必要となる、ユーザー認証や Cloud Storage へのアクセスといった機能をブラウザで稼働するフロントエンドのコードに提供します。本書では、フロントエンドの開発には、React をベースにしたフレームワークである Next.js を使用しますが、Next.js と Firebase を組み合わせることで、Google Cloud のバックエンドとの連携が簡単に実現できます。

Cloud Run / Cloud Build / Artifact Registry

　Cloud Run は、コンテナを利用してアプリケーションをデプロイするためのマネージドサービスです。コンテナを利用するインフラには、オープンソースの Kubernetes などもありますが、Cloud Run の場合は、インフラの構築・管理は不要です。使用するコンテナイメージを指定してデプロイするだけで、Google Cloud が管理するインフラ上でアプリケーションが稼働します。Cloud Run の用語で、デプロイしたアプリケーションのことを「サービス」、コンテナのことを「インスタンス」と呼びます。本書では、フロントエンドのアプリケーションをクライアントに配信する Web サーバー、および、バックエンドサービスを稼働するインフラとして Cloud Run を使用します。

　Cloud Run には、ロードバランサーとオートスケールの機能が用意されており、サービスに対するアクセスの増減に応じて、インスタンス数を自動的に増減します。一定時間アクセスがない場合、デフォルトではインスタンス数は0になります。この場合、次のアクセスが発生したタイミングでインスタンスの起動が行われるので、サービスからの応答が得られるのに少し時間がかかります。これが問題になる場合は、最小のインスタンス数を指定することもできます。

　Cloud Run にサービスをデプロイするには、アプリケーションを組み込んだコンテナイメージが必要ですが、これを作成する際に利用するのが、Cloud Build と Artifact Registry です。本書では、コンテナイメージの作成に Dockerfile を用いたビルド処理を利用しますが、Cloud Build はこのようなビルド処理を行う環境をオンデマンドに作成します。ビルド処理が終わると使用した環境は破棄されるので、常にクリーンな環境でビルド処理が実行できます。また、Artifact Registry を使用すると、ビルドしたイメージを保存するリポジトリをプロジェクト内に用意できます。

Cloud Storage

　Cloud Storage は、一般に、オブジェクトストアと呼ばれる機能を提供するサービスで、事前に作成したバケットにファイルを保存することができます。バケット内にフォルダーを作成して、階層的にファイルを管理できます。本書では、第4章で作成するスマートドライブのアプリで、ユーザーがアップロードした PDF ファイルを保存する場所として、Cloud Storage を使用します。

Eventarc と Pub/Sub

　Eventarc は、クラウド上のリソースに発生したイベントをトリガーとして、他のリソースの機能を呼び出す、イベント連携を実現するためのサービスです。たとえば、Cloud Storage にファイルが保存されるというイベントをトリガーとして、Cloud Run で稼働するサービスにリクエストを送信することができます。これにより、Cloud Storage に保存されたファイルに対して、Cloud Run のサービスが自動的に追加の処理を行うといった非同期処理が実

現できます。本書では、ユーザーがCloud StorageにアップロードしたPDFファイルのドキュメントに対して、その要約テキストを自動生成するなどの処理にEventarcを使用します。

　また、Eventarcは、内部的にメッセージングサービスのPub/Subを使用します。Pub/Subの仕組みは、**図1-4**のようになっており、事前に「トピック」を定義して利用します。1つのトピックに対して、複数の「サブスクリプション」を定義しておくと、トピックに発行されたメッセージは、それぞれのサブスクリプションに配信されます。サブスクリプションには、プル型（Pullサブスクリプション）とプッシュ型（Pushサブスクリプション）があり、配信されたメッセージを伝達する方法が異なります。Pullサブスクリプションの場合、サブスクリプションに届いたメッセージはメッセージキューに保存された後、Pub/Subのクライアントが自発的に取り出す必要があります。一方、Pushサブスクリプションの場合は、サブスクリプション自身の機能で、REST APIサーバーに向けてAPIリクエストとして送信します。

図1-4　Pub/Subによるメッセージ配信の仕組み

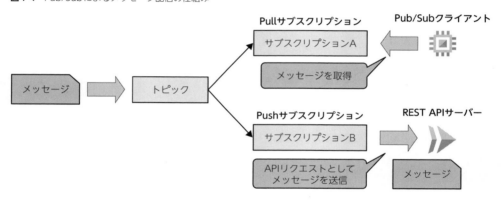

　EventarcでCloud StorageとCloud Runのサービスを連携する設定をした場合、Cloud Storageにファイルが保存されたというイベントのメッセージがトピックに発行された後、これを受け取ったPushサブスクリプションが、Cloud Runのサービスとして稼働するREST APIサーバーに、このイベントの情報を含んだAPIリクエストを送信する仕組みが自動的に用意されます。

　なお、Eventarcによるイベントの送信は、「at-least-once（少なくとも1回）」であることが保証されています。言い換えると、同じ内容のイベントが重複して2回以上送信される可能性があります。そのため、Eventarcから送信されたイベントを処理するサービスは、同じ内容のイベントを複数回受け取っても問題が起きないように実装する必要があります。

Cloud SQL

　Cloud SQLは、オープンソースのPostgreSQLやMySQLなどのデータベースサーバーをマネージドサービスとして提供します。Cloud SQLのインスタンスを起動すると、これらのデー

タベースが稼働する環境が自動で用意されて、利用可能になります。データベースへのアクセスには、サービスアカウントによる認証と専用の暗号化通信経路の利用が必要になりますが、Googleが提供する「Cloud SQL言語コネクタ」を利用すると、これらの処理を自動化することができます。本書では、第5章で作成するドキュメントQAサービスにおいて、ドキュメントから生成した埋め込みベクトルを保存・検索するデータベースとして、Cloud SQLのPostgreSQLインスタンスを使用します。

Vertex AI Search

Vertex AI Search は、Google Cloud の「Vertex AI Search and Conversation」と呼ばれる機能の1つで、大規模言語モデルを利用した検索アプリケーションのバックエンドが簡単に構築できます。個々のパーツを個別に構築・設定する必要がなく、検索対象とするデータをインポートするだけですぐに利用できます。特に、検索処理の中心となる埋め込みベクトルの検索については、Googleの独自技術を用いたVector Searchの機能が利用されており、膨大なコンテンツに対して高速に検索結果を返すことができます。

1.2 React入門

1.2.1 Reactコンポーネントの仕組み

本書では、ブラウザで動作するフロントエンドのアプリケーションと、Google Cloudで動作するバックエンドサービスが連携するアプリケーションを作成します。この際、フロントエンドのアプリケーションをブラウザに配信するサーバーが必要になりますが、サーバー機能として、Next.jsを使用します。Next.jsは、Reactをベースとしたフロントエンドの開発環境と、開発したアプリケーションを配信するサーバー機能をあわせて提供するフレームワークです。Next.jsで開発したアプリケーションをCloud Runのサービスとしてデプロイしておき、ブラウザからは、このサービスのURLにアクセスしてアプリケーションを利用します。

Next.jsを使った開発手順は、「第2章　Next.jsとFirebaseによるフロントエンド開発」で詳しく説明しますが、Next.jsには、フロントエンドのUI、すなわち、ブラウザの画面に表示する部品をReactで記述するという特徴があります。ここでは、Next.jsを利用する前提となる、Reactの最小限の知識をまとめておきます。

Reactは、WebのUIを構成する部品をJavaScriptで効率的に記述するためのライブラリです。それぞれの部品を「コンポーネント」と呼び、JavaScriptの関数でコンポーネントを定義します。この際、HTMLに類似したJSXと呼ばれる構文でコンポーネントを記述します。JSXには次の仕組みがあります。

(1) 独自のコンポーネントをHTMLタグの形で使う

(2) コンポーネントの中に他のコンポーネントを埋め込む

(3) JavaScriptの変数の値を埋め込む

　通常のHTMLでは、「ボタン（button）」や「テキストエリア（textarea）」などの基本的な部品があらかじめ用意されており、これらをHTMLタグで指定します。しかしながら、新しい部品を自分で定義したり、複数の部品を組み合わせて新しい部品を作るといったことは、HTMLだけではできません。これを実現するのが（1）（2）の仕組みです。標準のボタンとは異なる独自のボタンを作って、<MyButton>というタグで利用可能にしたり、標準のテキストエリアとは異なる、独自の<MyTextArea>を作ることができます。さらに、<MyButton>と<MyTextArea>を組み合わせて配置したセットを定義して、<MyInputForm>というタグで利用可能にするといった具合です（**図1-5**）。

図1-5　階層的に作ったReactコンポーネントの例

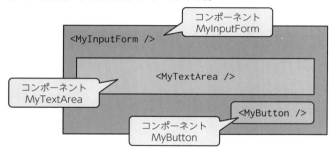

　（3）については、具体例で説明します。次のコードでは、事前に定義しておいたコンポーネントMyButtonを含むJSXを変数elementに保存しています。

```
1  const element = (
2    <MyButton disabled={buttonDisabled}>Submit</MyButton>
3  );
```

　JavaScriptのコード内では、「（」と「）」で挟まれた行内がJSXとして解釈されます。このように、「（」と「）」で挟まれたJSXのまとまりを「Reactエレメント」といいます。したがって正確にいうと、変数elementには、JSXで記述したコンポーネントを含むReactエレメントが保存されます。この際、1つのReactエレメントの中に、複数のコンポーネントを並列に配置することはできません。必ず、最上位の親要素が1つあり、他のコンポーネントは、その子要素として配置します。適当な親要素がない場合は、フラグメントと呼ばれるダミー

の要素を使用します。次の例では、2行目と5行目がフラグメントの開始／終了部分です。

```
1  const element = (
2    <>
3      <MyTextArea>{text}</MyTextArea>
4      <MyButton disabled={buttonDisabled}>Submit</MyButton>
5    </>
6  );
```

　そして、JSX内の「{」と「}」で挟まれた部分は、JavaScriptの変数名になっており、実際にコンポーネントを描画する際は、変数の値に置き換えられます。ただし、変数の値は状況によって変わります。たとえば、ユーザーの操作に伴うコールバック関数の実行によって、変数の値が変化した場合、画面上のコンポーネントに新しい値を反映するには、どうすればよいのでしょうか？　Reactでは、State変数と呼ばれる特別な変数が用意されており、これを利用します。

　クライアントがサーバーにアクセスして、Reactで記述されたフロントエンドのアプリケーションを取得・実行すると、このタイミングで初回の画面描画が行われます。このとき、State変数に保存された値は、そのまま保持されており、同じスコープを持つコールバック関数から参照できます。そして、コールバック関数がState変数の値を書き換えると、Reactは、自動的に画面を書き換えます。次の例を見てみましょう。

```
1   const [buttonDisabled, setButtonDisabled] = useState(false);
2
3   const buttonClicked = () => {
4     setButtonDisabled(true);
5   };
6
7   const element = (
8     <MyButton disabled={buttonDisabled} onClick={buttonClicked}>
9       Submit
10    </MyButton>
11  );
```

　1行目の関数useState()は、新しいState変数を作ります。ここでは、buttonDisabledという名前のState変数を用意しており、その初期値はfalseになります。もう1つのsetButtonDisabledは、このState変数の値を更新する専用の関数です。初回の画面描画時は、8行目の{buttonDisabled}には、falseが入ります。ここでは、ボタンの無効化オプションをfalseにセットする、つまり、ボタンは普通に押せる状態になっている想定です。そして、このボタンを押すと、3〜5行目のコールバック関数buttonClicked()が実行されて、buttonDisabledの値がtrueに変わります。Reactは、この変化を検知して、関

数buttonClicked()の実行が終わると、新しいState変数の値を使ってコンポーネントMyButtonを再描画します。今の場合、ボタンの無効化オプションにtrueがセットされて、このボタンは無効化された状態に変わります。

　一般に、クライアントの画面には多数のコンポーネントが配置されていますが、Reactは状態変化の影響を受けるコンポーネントだけを再描画することで、効率的に画面を書き換えます。先ほどの**図1-5**のように親子関係のあるコンポーネントの場合、親コンポーネントの再描画が発生すると、そこに含まれる子コンポーネントもあわせて再描画されます。

1.2.2　Reactコンポーネントの作成例

　ここでは、簡単なサンプルで、Reactコンポーネントの作り方を説明します。次は、現在時刻を表示するコンポーネントです。

```
 1  import {useState, useEffect} from "react";
 2
 3  export default function CurrentTime() {
 4    const [time, setTime] = useState("");
 5
 6    useEffect(() => {
 7      const timer = setInterval(() => {
 8        const now = new Date();
 9        const hour = now.getHours().toString().padStart(2, "0");
10        const min = now.getMinutes().toString().padStart(2, "0");
11        const sec = now.getSeconds().toString().padStart(2, "0");
12        setTime(hour + ":" + min + ":" + sec);
13      }, 1000);
14      return () => { clearInterval(timer) };
15    }, []);
16
17    const element = (
18      <span>{time}</span>
19    );
20
21    return element;
22  }
```

　ここでは、関数CurrentTime()を定義しており、これは、17〜19行目で用意したReactエレメントを返却します。このように、独自のコンポーネントは、Reactエレメントを返す関数として定義します。他のファイルからインポートして使用できるように、3行目でデフォルトエクスポートしてあります。他のファイルで、この関数をCurrentTimeという名前でインポートすると、そのファイルでは、<CurrentTime>というタグでこのコンポーネントが配

置できます[注3]。

そして、この関数が返却するReactエレメントがコンポーネントの実体です。今の場合は、17〜19行目にあるように、span要素としてState変数timeの値を表示するシンプルな内容です。ただし、ここでは、State変数timeに格納した時刻を1秒ごとに更新する仕掛けを用意してあります。それが、6行目の関数useEffect()です。

これは、Effectフックと呼ばれるReact独自の仕組みで、このコンポーネントが描画されたり、State変数の値が変化したタイミングで、特定のコールバック関数を実行します。関数useEffect()は、2つの引数を受け取ります。1つ目がコールバック関数で、2つ目がそれを実行するタイミングを決めるState変数の配列です。コンポーネントを定義する関数内のトップレベルでuseEffect()を実行しておくと、次のタイミングでコールバック関数が実行されます。

(1) コンポーネントがマウントされたとき
(2) 指定されたState変数の値が変化したとき

コンポーネントのマウントというのは、Reactの用語で、該当のコンポーネントがブラウザが管理するDOMに登録されることを表します。簡単にいうと、「該当のコンポーネントがはじめて画面に描画されたとき」にあたります。また、コンポーネントがDOMから削除されて画面から消えたとき、Reactの用語でいうとコンポーネントがアンマウントされたタイミングで、クリーンアップ関数を実行します。クリーンアップ関数は、1つ目の引数に指定したコールバック関数が返却する関数です。

先ほどの具体例で確認しましょう。今の場合、7〜14行目がコールバック関数の内容です。1秒ごとに発火するインターバルタイマーを用意して、1秒ごとにState変数timeの値を更新するようにセットしています。また、最後の14行目でインターバルタイマーを停止する関数をクリーンアップ関数として返却しています。

したがって、このコンポーネントがはじめて描画されると、（1）の条件によってこのコールバック関数が実行され、インターバルタイマーが開始します。これにより、1秒ごとにState変数timeの値が更新されて、その都度、画面上の値も更新されます。一方、15行目を見ると、2つ目の引数は空の配列[]になっています。したがって、（2）の条件でコールバック関数が実行されることはありません。そして、Webページが遷移するなどして、このコンポーネントが画面から消えると、先ほどのクリーンアップ関数が実行されて、インターバルタイマーが停止します。

なお、関数useEffect()の2つ目の引数を省略した場合は、何らかのState変数の値が変化してコンポーネントが再描画されるたびに、コールバック関数が実行されます。画面が変

　化するたびに実行したい処理がある場合は、これが利用できます。

第 **2** 章

Next.js と Firebase による
フロントエンド開発

第2章のはじめに

　本章では、Google Cloud の利用環境を準備したうえで、Next.js と Firebase を活用した
フロントエンドアプリケーションの作成方法を学びます。はじめに、Next.js を用いた静的
Web サイトを作成して、その後、Firebase によるユーザー認証機能を追加します。さらに、
開発したアプリケーションを Cloud Run にデプロイして、サーバーコンポーネントを利用す
る方法を学びます。本章で学んだ内容を第 3 章以降で作成するバックエンドと組み合わせる
ことで、生成 AI を活用したアプリケーションを実際に動作する形に作り上げることができます。

2.1 Google Cloud プロジェクトの セットアップ

2.1.1 新規プロジェクト作成

Google Cloud のアカウント登録

　Google Cloud を利用する際は、Google アカウント（Gmail のアドレス）が必要です。
Google アカウントを持っていない場合は、次の URL の手順に従って Google アカウントを作
成します。

- **Google アカウントの作成**
  https://support.google.com/accounts/answer/27441

　続いて、次の URL にアクセスして Google Cloud にアカウントを登録します。ログインを
求められた場合は、先に作成した Google アカウントでログインしてください。

- **Google Cloud - Free trial**
  https://console.cloud.google.com/freetrial

　アカウント情報の登録画面が表示されるので、支払い方法（クレジットカード／デビットカー
ド）などを登録します。登録直後は、無料トライアル期間が設定されており、90 日間有効の
$300 分のクレジットを無償で利用できます。無料期間が過ぎるとアカウントは一時停止さ
れるため、利用を継続するには手動で有料アカウントにアップグレードする必要があります。

プロジェクトの作成

　ここでは、Google Cloud 標準の Web インターフェースであるクラウドコンソールを用いて、新しいプロジェクトを作成します。まず、次の URL をブラウザで開くと、既存のプロジェクト一覧が表示されます。

- **クラウドコンソール（プロジェクト選択画面）**
  https://console.cloud.google.com/projectselector/

　ここから新しいプロジェクトを作ります。**図 2-1** の［プロジェクトを作成］をクリックします。

図 2-1　［プロジェクトを作成］をクリック

　図 2-2 の画面が表示されるので、「プロジェクト名」に任意の名前を入力して、［作成］をクリックするとプロジェクトが作成されます。

図 2-2　「プロジェクト名」に任意の名前を入力して、［作成］をクリック

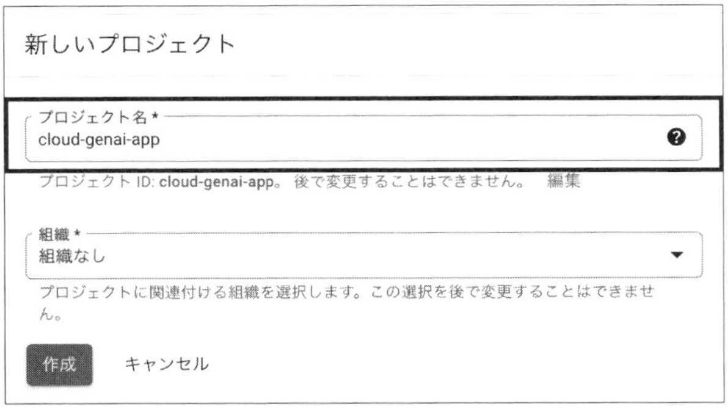

　Google Cloud でプロジェクトを作成すると、「プロジェクト ID」と呼ばれる一意の識別子が割り当てられます。先ほど入力したプロジェクト名をもとに自動生成されますが、既存のプロジェクトとの重複がなければ、任意の値を設定することもできます。Google Cloud のサービスを操作する際に、プロジェクト ID を用いて操作対象のプロジェクトを指定することがあるので、覚えやすい値を設定するとよいでしょう。

API の有効化について

　Google Cloud では、プロジェクトごとに、使用するサービスの API を事前に有効化する必要があります。これは、意図しない API の使用を防止して、使用していないサービスに対する課金を防ぐための仕組みです。ここでは、仮想マシン（VM インスタンス）を使用する際に必要となる Compute Engine API をクラウドコンソールから有効化します。

　クラウドコンソール上部に操作対象のプロジェクト名が表示されているので、先ほど作成したプロジェクトが選ばれていることを確認したうえで、左上にあるナビゲーションメニュー（3 本の横線が並んだアイコン）から、「API とサービス」→「ライブラリ」を選択します（**図2-3**）。

図2-3　ナビゲーションメニューから「API とサービス」→「ライブラリ」を選択

　API ライブラリが表示されるので、上部の検索バーに「Compute Engine API」と入力して検索します（**図2-4**）。

図2-4　API ライブラリで「Compute Engine API」を検索

　検索結果に「Compute Engine API」が表示されるので、これを選択します。そして、表示された画面にある［有効にする］をクリックします（**図2-5**）。この後、1 分ほど待つと有

効化が完了します。

図2-5 Compute Engine APIを有効化

ここまで、クラウドコンソールからさまざまな操作を行ってきましたが、同様の操作は、Google Cloud SDK をインストールした端末から gcloud コマンドを用いて行うこともできます。この後の開発作業では、gcloud コマンドによる操作を主に使用していきます。次は、コマンド操作を行うための開発用仮想マシン（VMインスタンス）を用意します。

2.1.2 開発用仮想マシンの作成

VMインスタンスの作成

クラウドコンソールのナビゲーションメニューで「Compute Engine」→「VMインスタンス」を選択すると、VMインスタンスの一覧画面になるので、上部の［インスタンスを作成］をクリックします（**図2-6**）。

図2-6 ［インスタンスを作成］をクリック

VMインスタンスの設定画面が表示されるので、名前、リージョン、ゾーンを次のように設定します（**図2-7**）。名前とゾーンは、これ以外の値でも構いません。

- **名前**：development-workstation
- **リージョン**：asia-northeast1（東京）
- **ゾーン**：asia-northeast1-a

図 2-7　「名前」「リージョン」「ゾーン」を設定

　VM インスタンスのサイズなどはデフォルトのままにして、ここでは、ネットワークに関連する設定だけを追加します。具体的には、固定的な外部 IP アドレスを割り当てて、固定のホスト名（FQDN）で外部からアクセスできるようにします。

　画面を下にスクロールして、「ファイアウォール」の設定部分で「HTTP トラフィックを許可する」にチェックを入れます（**図 2-8**）。これは、VM インスタンス上で起動した開発用 Web サーバーに外部からアクセスするために必要になります。

図 2-8　「HTTP トラフィックを許可する」にチェックを入れる

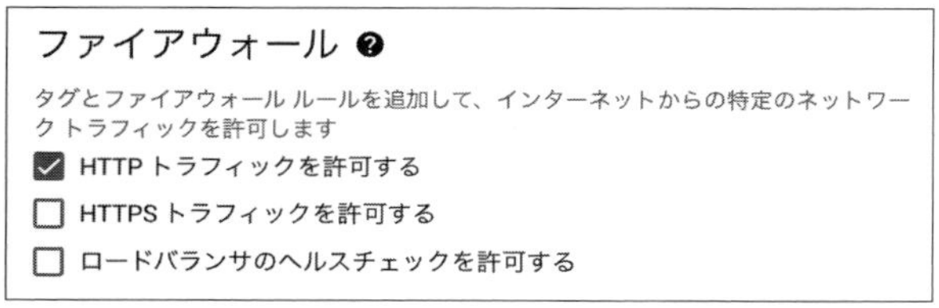

ファイアウォール ❷

タグとファイアウォール ルールを追加して、インターネットからの特定のネットワークトラフィックを許可します
- ☑ HTTP トラフィックを許可する
- ☐ HTTPS トラフィックを許可する
- ☐ ロードバランサのヘルスチェックを許可する

　さらに画面を下にスクロールして、「詳細オプション」→「ネットワーキング」→「ネットワークインターフェース（default）」のブロックを順に開きます。ここで、「外部 IPv4 アドレス」の「エフェメラル」をクリックして、表示されるメニューから「静的外部 IP アドレスを予約」を選択します（**図 2-9**）。

図 2-9　「静的外部 IP アドレスを予約」を選択

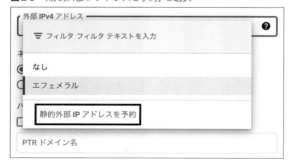

「静的外部IPアドレスの予約」のポップアップが表示されるので、任意の名前（この例では「development-workstation-ip」）を入力して、[予約]をクリックします（**図2-10**）。

図2-10 任意の名前を入力して［予約］をクリック

これで必要な設定は完了です。画面の一番下にある［作成］をクリックすると、VMインスタンスの一覧画面に戻って、VMインスタンスの作成と起動が開始します。起動が完了すると、VMインスタンス一覧画面の「外部IP」の部分に、先ほど予約した外部IPアドレスの値が表示されるので、この値をメモしておきます。

ファイアウォールの設定

Google Cloudでは、VMインスタンスの外部IPアドレスを「ABC.DEF.GHI.JKL」とした場合、対応するホスト名（FQDN）は「JKL.GHI.DEF.ABC.bc.googleusercontent.com」になります。この後、VMインスタンスで開発用サーバーを起動した際は、このホスト名を使って、ブラウザから開発用サーバーにアクセスします。この際、ポート番号3000を使用するので、ファイアウォールの設定を変更して、このポート番号によるアクセスを許可しておきます。

具体的には、ナビゲーションメニューで「VPCネットワーク」→「ファイアウォール」を選択して、表示された画面にある［default-allow-http］をクリックします（**図2-11**）。

図2-11 ［default-allow-http］をクリック

さらに、画面上部の［編集］をクリックすると、設定変更画面が表示されるので、画面を下にスクロールしていき、「TCP」の「ポート」の値を3000に変更して、［保存］をクリック

します（**図2-12**）。

図2-12　「ポート」の値を 3000 に変更して［保存］をクリック

これで、開発用の仮想マシン（VMインスタンス）が準備できました。この後は、この VMインスタンスにログインして、Next.js と Firebase を用いたアプリケーションの開発を 進めていきます。まずは、練習として、固定的なコンテンツを表示する静的Webページを 作成します。

2.2　Next.jsによる静的Webページ作成

2.2.1　Next.js開発環境セットアップ

ナビゲーションメニューで「Compute Engine」→「VMインスタンス」を選択して、VM インスタンスの一覧を表示します。先ほど作成したVMインスタンスの右にある［SSH］ボ タンをクリックして、VMインスタンスのコマンド端末を開きます。承認を求めるポップアッ プが開いた際は、［Authorize］をクリックします。

この後は、このコマンド端末で作業を進めます。はじめに、次のコマンドを実行して、本 書で使用するコードをGitHubリポジトリからクローンします[注4]。

注4　この後のコマンドに含まれる $HOME は、VMインスタンスにログインしたユーザーのホームディレクトリを表す環境変数です。ロ グイン時に自動で値がセットされているので、そのまま、$HOME と入力してください。本文の説明でも $HOME という記号を用いる 場合がありますが、これはホームディレクトリを表すものと解釈して読み進めてください。

```
sudo apt-get install -y git
cd $HOME
git clone https://github.com/google-cloud-japan/sa-ml-workshop.git
```

ディレクトリ $HOME/sa-ml-workshop が作成されて、この中にリポジトリの内容がコピーされます。はじめに、この中に含まれるスクリプトを実行して、Next.js の利用に必要となる Node.js のパッケージ、および、そのほか、開発に必要なパッケージをインストールします。コマンド端末から、次のコマンドを実行します。スクリプトの実行が成功すると、最後に「Succeeded.」と表示されます。

```
$HOME/sa-ml-workshop/genAI_book/scripts/install_packages.sh
```

このスクリプトでは、パッケージのインストールに加えて、bash の初期設定ファイル $HOME/.bashrc に、環境変数 GOOGLE_CLOUD_PROJECT を設定する処理を追加しています。この VM インスタンスにログインすると、環境変数 GOOGLE_CLOUD_PROJECT に、この VM インスタンスが稼働するプロジェクトのプロジェクト ID が自動でセットされるようになります[注5]。また、先ほどクローンしたディレクトリには本書では使用しないコードも含まれているため、本書で使用するコードを含んだディレクトリに $HOME/genAI_book からアクセスできるようシンボリックリンクを作成しています。

ここで一度、使用中のコマンド端末を閉じて、再度、クラウドコンソールの [SSH] ボタンから新しいコマンド端末を開きます。その後、次のコマンドを実行して、使用中のプロジェクトのプロジェクト ID が表示されることを確認してください。

```
echo $GOOGLE_CLOUD_PROJECT
```

この後の作業は、このコマンド端末から続けて行います。次は、新しいアプリケーションを一から作成する練習として、ディレクトリ $HOME/TestApp を作成して、この中に各種ファイルを作成していきます。ここで作成するものと同じファイルが、$HOME/genAI_book/TestApp 以下に用意されているので、ファイルを手で入力するのが面倒な場合などは、コピーして使用してください。

注5　具体的には、次のコマンドを実行します。
```
export GOOGLE_CLOUD_PROJECT=$(gcloud config list --format="value(core.project)")
```

▪ 2.2.2　静的 Web ページ作成

Next.js によるアプリケーション開発の練習として、固定の内容を表示する静的 Web ページを作成します。まずは、アプリケーションのソースを保存するディレクトリを作成して、カレントディレクトリに設定します。

```
mkdir -p $HOME/TestApp/src
cd $HOME/TestApp/src
```

これ以降は、$HOME/TestApp/src をカレントディレクトリとして作業を進めます。作成するファイルのファイル名は、このディレクトリを起点とするパスで表示します。たとえば、package.json は $HOME/TestApp/src/package.json に、あるいは、pages/index.js は $HOME/TestApp/src/pages/index.js に配置してください。

はじめに、このディレクトリに Next.js のパッケージをインストールします。これは、Node.js のパッケージマネージャーである npm でインストールします。インストール対象のパッケージ、および、Next.js を操作するコマンドを示したファイル package.json を次の内容で作成します。

package.json

```
 1  {
 2    "private": true,
 3    "scripts": {
 4      "build": "next build",
 5      "dev": "next dev --hostname 0.0.0.0 --port 3000",
 6      "start": "next start"
 7    },
 8    "dependencies": {
 9      "next": "14.0.4",
10      "react": "18.2.0",
11      "react-dom": "18.2.0"
12    },
13    "engines": {
14      "node": ">=18"
15    }
16  }
```

次のコマンドを実行すると、package.json の指定に従って、ディレクトリ node_modules

以下に必要なパッケージがインストールされます[6]。

```
npm install
```

続いて、固定のメッセージを表示するシンプルなWebページを用意します。まず、ディレクトリpagesを作成します。

```
mkdir -p pages
```

そして、ファイルpages/index.jsを次の内容で作成します。

pages/index.js

```
 1  import Head from "next/head";
 2  import Link from "next/link";
 3
 4  export default function HomePage() {
 5    const element = (
 6      <>
 7        <Head>
 8          <title>Home Page</title>
 9          <link rel="icon" href="/favicon.ico" />
10        </Head>
11        <h1>My First Next.js Application</h1>
12        <h3><Link href="./currentTime">Current Time</Link></h3>
13        <h3><Link href="./loginMenu">Login Menu</Link></h3>
14      </>
15    );
16
17    return element;
18  }
```

コードの内容は後で説明することにして、まずは、このコードが実際にWebページを生成することを確認します。事前準備として、このページで使用するファビコンのファイルをpublic/favicon.icoに用意します。

```
mkdir public
cp $HOME/genAI_book/TestApp/src/public/favicon.ico public/
```

注6 ディレクトリnode_modules以下にインストールされたパッケージのバージョン情報は、ファイルpackage-lock.jsonに記録されます。ディレクトリnode_modulesを削除した場合でも、package.jsonとpackage-lock.jsonがあれば、「npm install」で同じ内容が再現できます。

　その後、次のコマンドを実行すると、開発用 Web サーバーが VM インスタンス上で起動します。

```
npm run dev
```

起動メッセージの中に、次のような内容が含まれています。

```
▲ Next.js 14.0.4
- Local:        http://localhost:3000
- Network:      http://0.0.0.0:3000
```

　これは、3000番ポートで外部からのアクセスを受け付けることを示します。VM インスタンスの外部 IP アドレスを「ABC.DEF.GHI.JKL」とした場合、対応するホスト名（FQDN）は「JKL.GHI.DEF.ABC.bc.googleusercontent.com」になるので、ブラウザからは、URL「http://JKL.GHI.DEF.ABC.bc.googleusercontent.com:3000」でアクセスできます[7]。ブラウザからこの URL を開くと、**図 2-13**のように、「My First Next.js Application」というメッセージが表示されます。

図 2-13　Next.js で作成した静的 Web ページ

My First Next.js Application

Current Time

Login Menu

　今回の構成では、開発用 Web サーバーはインターネットに公開された状態になっており、この URL を知っている人は誰でもアクセスできます。安全のため、不要な際は、開発用 Web サーバーを停止しておいてください。開発用 Web サーバーを起動したコマンド端末で［Ctrl］＋［C］を押すと停止します。

　それでは、ファイル pages/index.js の内容を見ていきましょう。まず、Next.js には、「Pages ルーター」と呼ばれる仕組みがあり、ディレクトリ pages 以下に置かれた1つのファイルが1つの Web ページに対応します[8]。pages/ 以下のファイルパスが URL パス（ホスト名以降のパス）にそのまま対応しており、一例を挙げると**表 2-1**のようになります。

注7　VM インスタンスの外部 IP アドレスは、「2.1.2　開発用仮想マシンの作成」でメモしておいたものを使用します。たとえば、外部 IP アドレスが「35.225.11.180」であれば、対応する URL は「http://180.11.225.35.bc.googleusercontent.com:3000」になります。

注8　最新の Next.js には、API ルーターと呼ばれる別の仕組みもあります。API ルーターは現在も開発が継続されており、今後、仕様が変わる可能性があるため、本書ではより安定した Pages ルーターを使用します。

表2-1 Pages ルーターにおけるファイルパスとURLパスの対応関係

ファイルパス	URLパス
pages/index.js	/
pages/myPage.js	/myPage
pages/myPath/index.js	/myPath
pages/myPath/myPage.js	/myPath/myPage

　この例からわかるように、ファイル名がindex.jsの場合は、indexという部分をURLパスから省略できて、結果として、ホスト名（FQDN）だけをURLに指定した場合は、ファイルpages/index.jsの内容が対応することになります。

　次に、このファイルがWebページの内容をどのように作るかですが、ファイル内でデフォルトエクスポートされた関数が返すReactエレメントが表示されます。今の場合は、先ほど作成したファイルpages/index.jsの4行目にあるHomePage()がデフォルトエクスポートされた関数です。関数名は任意に決めて構いません。「1.2.1　Reactコンポーネントの仕組み」で説明したように、Reactエレメントは、Webページに表示する部品をJSXの構文で記述したもので、他のファイルで定義したコンポーネントを自由に組み込むことができます。

　今回は、Next.jsが標準で提供するHeadコンポーネントとLinkコンポーネントを1〜2行目でインポートして、それぞれ、7〜10行目と12〜13行目で使用しています。Headコンポーネントは、HTMLのHeaderタグを生成するためのもので、ブラウザのタブの部分に表示されるページタイトル（8行目）やファビコン（9行目）を指定します。href要素で指定したファビコンの画像ファイル（/favicon.ico）は、ディレクトリpublicから取得されます。

　Linkコンポーネントは、他のページへのリンクを生成するものです。12行目と13行目では、それぞれ、/currentTime、および、/loginMenuというパスへのリンクを生成しており、ブラウザに表示された [Current Time]、もしくは、[Login Menu] をクリックすると該当のページに移動します[注9]。

2.2.3　コンポーネントの分割

　先ほどの例では、ファイルpages/index.jsに、ブラウザに表示する内容をそのまま書き込みましたが、より複雑な内容を表示する場合、表示内容を別のReactコンポーネントとして用意しておき、それをインポートして使用します。ここでは、簡単な例として、現在の時刻を表示するコンポーネントを作成してみましょう。

　はじめに、準備として、JavaScriptコンパイラの設定ファイルを1つ追加します。先ほど起動した開発用のWebサーバーを [Ctrl] + [C] で停止して、ファイルjsconfig.jsonを次の内容で作成します。インポート対象のファイルのパスをディレクトリsrcからの絶対パス

[注9]　これらのページの内容はこの次の手順で作成します。今の段階では、リンクをクリックすると404エラーになります。

で指定するという設定です[注10]。

jsconfig.json

```
{
  "compilerOptions": {
    "baseUrl": "."
  }
}
```

　この後、続けて、新しいコンポーネントを定義するファイルを作成してもよいのですが、Next.jsの開発用Webサーバーは、ファイルの変更を自動的に検知して反映する機能があるので、これを試してみましょう。まず、次のコマンドを実行して、開発用Webサーバーを起動しておきます。

```
npm run dev
```

　次に、コマンド端末画面の右上にある「歯車アイコン」から「新しい接続」を選択して、新しいコマンド端末を開きます。新しいコマンド端末から、次のコマンドを実行して、コンポーネント用のファイルを配置するディレクトリcomponentsを作成します。

```
cd $HOME/TestApp/src
mkdir components
```

　そして、新しいコンポーネントを定義したファイルcomponents/CurrentTime.jsを次の内容で作成します。これは、「1.2.2　Reactコンポーネントの作成例」で説明に使ったものと同じ内容です。

components/CurrentTime.js

```
1  import {useState, useEffect} from "react";
2
3  export default function CurrentTime() {
4    const [time, setTime] = useState("");
5
6    useEffect(() => {
7      const timer = setInterval(() => {
8        const now = new Date();
9        const hour = now.getHours().toString().padStart(2, "0");
10       const min = now.getMinutes().toString().padStart(2, "0");
```

注10　デフォルトでは、インポートする側のファイルから見た相対パスで指定する必要があります。

```
11        const sec = now.getSeconds().toString().padStart(2, "0");
12        setTime(hour + ":" + min + ":" + sec);
13      }, 1000);
14      return () => { clearInterval(timer) };
15    }, []);
16
17    const element = (
18      <span>{time}</span>
19    );
20
21    return element;
22  }
```

このファイルからエクスポートした関数(この例では3行目のCurrentTime())がコンポーネントを表します。このファイルをCurrentTimeという名前でインポートすると、Reactエレメントの中でCurrentTimeタグが使用できます。このタグを持った要素<CurrentTime />は、上記の関数が返すReactエレメントに置き換えられます。今の場合は、「10:32:35」のように現在時刻を表示するエレメントが得られます。時刻の値が1秒ごとに更新されるように、Effectフックでインターバルタイマーをセットしてあります。

続いて、このコンポーネントを用いたWebページを作成します。ファイルpages/currentTime.jsを次の内容で作成します。

pages/currentTime.js

```
1  import Head from "next/head";
2  import Link from "next/link";
3  import CurrentTime from "components/CurrentTime";
4
5  export default function CurrentTimePage() {
6    const element = (
7      <>
8        <Head>
9          <title>Current Time</title>
10          <link rel="icon" href="/favicon.ico" />
11        </Head>
12        <h1>Current Time</h1>
13        <h2><CurrentTime /></h2>
14        <h3><Link href="./">Home Page</Link></h3>
15      </>
16    );
17
18    return element;
19  }
```

3行目で先ほど用意したコンポーネントをCurrentTimeという名前でインポートしており、13行目で、この名前のタグを用いた要素を表示しています。起動中の開発用Webサーバー

は、これらのファイルが追加されたことを認識しており、対応する Web ページが閲覧可能になっています。**図2-13**の Web ページにある [Current Time] のリンクをクリックすると、**図2-14**のように、現在時刻を表示するページが現れます。

図2-14　現在時刻を表示するコンポーネントを組み込んだ画面

ここまで、Next.js の機能を用いて簡単な Web ページを作成してきました。次は、Firebase の環境をセットアップして、Firebase の機能と連携する Web ページを作成します。具体例として、Google アカウントを用いて、ログイン認証を行う機能を実装します。起動中の開発用 Web サーバーは、いったん [Ctrl] + [C] で停止しておいてください。

2.3　Firebase のセットアップ

2.3.1　Firebase へのプロジェクト登録

Firebase の機能を利用したアプリケーションを作成する際は、Google Cloud のプロジェクトを Firebase に追加したうえで、アプリケーションを登録する必要があります。ここでは、先に作成した Google Cloud のプロジェクトを Firebase に追加します。まず、次の URL にアクセスして、Firebase コンソールを開きます。

● **Firebase コンソール**
　https://console.firebase.google.com

画面上の [プロジェクトを作成] をクリックすると、プロジェクト名の入力画面が表示されます[注11]。ここでは、プルダウンメニューから既存の Google Cloud のプロジェクトが選択できるので、先ほど作成したプロジェクトを選択して、[続行] をクリックします（**図2-15**）。Firebase をはじめて利用する際は、規約への同意を表すチェックボックスが表示されるので、

注11 ほかに登録済みのプロジェクトがある場合は、[プロジェクトを追加] と表示されているので、これをクリックします。

これらもチェックしておきます。

図2-15 Google Cloudのプロジェクトを選択して［続行］をクリック

「Firebaseの料金プランの確認」のポップアップが表示されるので、内容を確認して、［プランを確認］をクリックします。次に、注意点を説明した画面が表示されるので、こちらも内容を確認して［続行］をクリックします。最後にGoogleアナリティクスを有効化する画面が表示されますが、今回は、スライドスイッチをクリックして無効化しておきます（**図2-16**）。

図2-16 Googleアナリティクスを無効化して［Firebaseを追加］をクリック

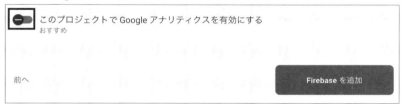

［Firebaseを追加］をクリックすると、設定処理が行われます。「新しいプロジェクトの準備ができました」というメッセージが表示されたら、［続行］をクリックすると、Firebaseコンソールのプロジェクト管理画面が表示されます。

　続いて、「デフォルトのGCPリソースロケーション」を設定します。これは、オブジェクトストアのCloud StorageやNoSQLデータベースのFirestoreなど、Google CloudのリソースをFirebaseから使用する際に、これらのリソースを用意するリージョンの指定になります。プロジェクト管理画面の左にあるナビゲーションメニューで、「プロジェクトの概要」の右にある歯車アイコンをクリックして、表示されるメニューから「プロジェクトの設定」を選択します（**図2-17**）。

図2-17　「プロジェクトの概要」→「プロジェクトの設定」を選択

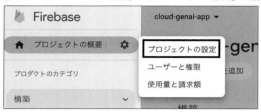

　「プロジェクトの設定」の画面が表示されるので、［全般］のタブが選択されていることを確認します。「デフォルトの GCP リソースロケーション」の鉛筆ボタンをクリックすると、リソースロケーションの選択画面が表示されるので、東京リージョンにあたる「asia-northeast1」を選択して、［完了］をクリックします。設定後の画面は、**図2-18**のようになります。

図2-18　「デフォルトの GCP リソースロケーション」を設定

2.3.2　Webアプリケーションの登録

　続いて、Firebaseに Web アプリケーションを登録します。**図2-18**の画面を下にスクロールして、Web アプリケーションの追加ボタン（</>という記号のボタン）をクリックします（**図2-19**）。

図2-19　Webアプリケーションの追加ボタンをクリック

アプリケーションの登録画面が表示されるので、「アプリのニックネーム」に任意の名前を入力して、［アプリを登録］をクリックします（**図2-20**）。ここでは、例として「google login application」という名前を設定しています。今回は、Firebase Hostingは使用しないので、「このアプリのFirebase Hostingも設定します。」はチェックしません[注12]。

図2-20　「アプリのニックネーム」を入力して［アプリを登録］をクリック

　Firebaseの構成情報を示した**図2-21**の画面が表示されるので、枠で囲んだ部分（const firebaseConfig = {...}; の部分）をテキストエディタなどにコピーして保存しておきます。これは、Webアプリケーションを利用するクライアント（Webブラウザ上で稼働するJavaScript）からFirebaseの機能を利用する際に必要な情報です。クライアントを利用する人すべてが参照可能な情報で、認証情報など、公開してはいけない情報は含まれていません。

注12 Firebase Hostingは、作成したWebアプリケーションを一般公開するためのFirebaseのサービスです。本書では、Firebase Hostingは使用せずに、Google CloudのCloud Runを用いて公開します。

図 2-21　Firebase の構成情報をコピーして保存

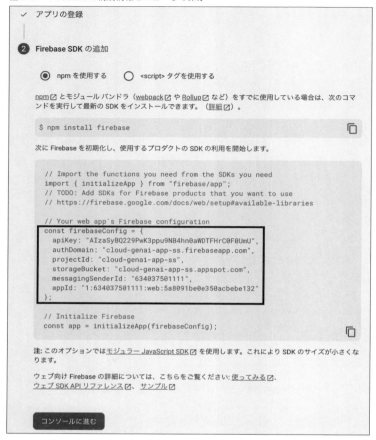

［コンソールに進む］をクリックすると、プロジェクト管理画面に戻ります。

2.3.3　ユーザー認証機能の設定

　この後、Firebase が提供するユーザー認証機能を利用したアプリケーションを作成しますが、Firebase ではさまざまな認証方法をサポートしており、使用する認証方法を事前に追加する必要があります。ここでは、一例として、Google アカウントによる認証機能を追加します。
　先ほどのプロジェクト管理画面のナビゲーションメニューから「構築」→「Authentication」を選択すると、認証機能の設定画面が表示されるので、［始める］をクリックします（図 2-22）。

図2-22　「構築」→「Authentication」を選択して［始める］をクリック

ログイン方法を追加するメニューが表示されるので、「追加のプロバイダ」から［Google］をクリックします（**図2-23**）[注13]。

図2-23　「追加のプロバイダ」から［Google］をクリック

　図2-24の設定画面が表示されるので、スライドスイッチをクリックして「有効にする」にした後、プロジェクトの公開名とプロジェクトのサポートメールを設定して、［保存］をクリックします。プロジェクトの公開名は任意に設定して、プロジェクトのサポートメールはプルダウンメニューから選択します。この例では、公開名は「Cloud GenAI Application」としています。

注13　異なる画面が表示された場合は、上部にある［ログイン方法］タブをクリックしてください。

図2-24　設定項目を入力して［保存］をクリック

　認証機能の設定画面に戻るので、続けて、ユーザー認証機能の利用を許可するドメインを指定します。ユーザー認証機能を利用するアプリケーションは、ここで許可したドメインで公開されている必要があります。ここでは、開発用 Web サーバーで公開したアプリケーションから利用できるように、開発用 Web サーバーのドメインを追加します。

　認証機能の設定画面の上部にある［設定］タブをクリックして、左のメニューから「承認済みドメイン」を選択します。**図2-25** の画面が表示されるので、［ドメインの追加］をクリックします。

図2-25　［設定］タブで「承認済みドメイン」を選択して［ドメインの追加］をクリック

　ドメインを入力するポップアップが表示されるので、「2.2.2　静的Webページ作成」で確認した開発サーバーのホスト名（FQDN）「JKL.GHI.DEF.ABC.bc.googleusercontent.com」を入力して、［追加］をクリックします。これで、Firebaseのセットアップは完了です。

2.4　Googleログイン機能の実装

2.4.1　Firebaseの設定ファイル準備

　ここからは、開発用仮想マシンのコマンド端末で作業を進めます。クラウドコンソールのVMインスタンス一覧画面から［SSH］をクリックしてコマンド端末を開いたら、「2.2.2　静的Webページ作成」で作成したアプリケーションのディレクトリ $HOME/TestApp/srcに移動します。

```
cd $HOME/TestApp/src
```

　これ以降は、$HOME/TestApp/srcをカレントディレクトリとして作業を進めます。はじめに、「2.3.2　Webアプリケーションの登録」でコピーしておいた内容を設定ファイル .firebase.jsとして保存します。

.firebase.js

```
export const firebaseConfig = {
  apiKey: "AIzaSyC41y0GTf8mXMDcCrmDtJDsBgFjku0u3uo",
  authDomain: "cloud-genai-app.firebaseapp.com",
  projectId: "cloud-genai-app",
  storageBucket: "cloud-genai-app.appspot.com",
  messagingSenderId: "1016258363029",
  appId: "1:1016258363029:web:cde1dd48b8223c512a659c"
};
```

　この例にあるように、先頭部分に「export」を追加する必要があるので注意してください。このファイルの内容は環境によって異なるので、先ほどの手順で用意したものを必ず使用してください。

COLUMN

GitHub でソースコードを公開する際の注意点

　Git でソースコードを管理する場合、構築環境に依存する情報を含むファイルは、ファイル .gitignore に記述して、Git の管理対象外にします。特に認証ファイルなど、公開してはいけない機密情報を含むものは必ず除外しておかないと、GitHub にソースコードをプッシュした際に、機密情報が誤って公開される恐れがあります。本文で作成した .firebase.js は、機密情報は含まれていませんが、環境に依存する情報なので、Git の管理対象外にするのがよいでしょう。今回の開発環境であれば、次のようなファイルを .gitignore に追加しておきます。

.gitignore

```
.firebase.js  # Firebase 設定ファイル
.next         # Next.js ビルド済みファイル
.env.*.local  # Next.js ローカル環境変数ファイル
.env.local    # Next.js ローカル環境変数ファイル
node_modules/ # Node.js モジュールファイル
```

　次に、この設定ファイルを読み込んで、クライアント側で Firebase の初期設定を行うライブラリファイルを用意します。ライブラリファイルは、ディレクトリ lib にまとめるので、まずは、このディレクトリを作成します。

```
mkdir lib
```

続いて、ファイル lib/firebase.js を次の内容で作成します。このファイルの内容は、Firebase の初期化に必要な「おまじない」と考えておけば大丈夫です。

lib/firebase.js

```
1  import { initializeApp } from "firebase/app";
2  import { getAuth,
3          GoogleAuthProvider,
4          signInWithPopup } from "firebase/auth";
5  import { firebaseConfig } from ".firebase";
6
7  try {
8    initializeApp(firebaseConfig);
9  } catch (err) {
10   if (!/already exists/.test(err.message)) {
11     console.error('Firebase initialization error', err.stack);
12   }
13 }
14
15 export const auth = getAuth();
16
17 export const signInWithGoogle = async () => {
18   const provider = new GoogleAuthProvider();
19   provider.setCustomParameters({
20     prompt: 'select_account',
21   });
22   signInWithPopup(auth, provider)
23     .catch((error) => {console.log(error)})
24 };
```

このファイルでは、authとsignInWithGoogleの2つの変数をエクスポートしています。変数authをインポートしたコードからは、ここに格納されたオブジェクトを用いて、認証処理に関する操作が行えます。また、signInWithGoogleは、Googleログインのポップアップ画面を表示して、ログイン処理を実施する機能を提供します。

2.4.2 ログイン機能を持ったページ作成

それでは、Googleログインの機能を利用したWebページを作成してみましょう。ファイル pages/loginMenu.js を次の内容で作成します。

pages/loginMenu.js

```
1  import Head from "next/head";
2  import Link from "next/link";
```

```
 3  import { useState, useEffect } from "react";
 4  import { auth, signInWithGoogle } from "lib/firebase";
 5  import { signOut } from "firebase/auth";
 6
 7  export default function LoginMenuPage() {
 8    const [loginUser, setLoginUser] = useState(null);
 9
10    // Register login state change handler
11    useEffect(() => {
12      const unsubscribe = auth.onAuthStateChanged((user) => {
13        setLoginUser(user);
14      });
15      return unsubscribe;
16    }, []);
17
18    let element;
19
20    if (loginUser) {
21      element = (
22        <>
23          <h1>Welcome, {loginUser.displayName}!</h1>
24          <button onClick={() => signOut(auth)}>Logout</button>
25        </>
26      );
27    } else {
28      element = (
29        <>
30          <button onClick={signInWithGoogle}>
31            Sign in with Google
32          </button>
33        </>
34      );
35    }
36
37    return (
38      <>
39        <Head>
40          <title>Login Menu</title>
41          <link rel="icon" href="/favicon.ico" />
42        </Head>
43        {element}
44        <h3><Link href="./">Home Page</Link></h3>
45      </>
46    );
47  }
```

コードの説明は後で行うことにして、まずは、実際の実行結果を確認します。このコード

では、Firebase のクライアントライブラリを使用しているので、はじめに、これを提供する firebase パッケージを追加します。開発用 Web サーバーを起動している場合は、停止しておきます。次のコマンドを実行すると、firebase パッケージがインストールされます。

```
npm install firebase
```

このとき、インストールしたパッケージの情報がファイル package.json に追加されるので、これ以降は、「npm install」を実行した際に、firebase パッケージも自動でインストールされるようになります。

ここで、「npm run dev」を実行して開発用 Web サーバーを起動した後に、ブラウザから「http://[ホスト名]:3000」にアクセスします。[ホスト名] の部分は、「2.2.2　静的 Web ページ作成」で確認した、「JKL.GHI.DEF.ABC.bc.googleusercontent.com」という形式のホスト名（FQDN）に置き換えてください[注14]。**図 2-13** の画面が表示されるので、[Login Menu] をクリックすると、[Sign in with Google] というボタンが表示されます。これをクリックすると、Google ログインを実施するポップアップが表示されます。Google アカウントを指定してログインすると、**図 2-26** の画面に変化して、Google アカウントの作成時に登録したユーザー名を含むメッセージが確認できます。下にある [Logout] をクリックすると、ログアウトして、[Sign in with Google] というボタンの画面に戻ります。

図 2-26　Google ログイン実施後の画面

Welcome, Etsuji Nakai!

Logout

Home Page

それでは、ファイル pages/loginMenu.js の内容を簡単に解説しておきます。このコードでは、8 行目で定義した State 変数を用いて、ログイン前後の画面を切り替えています。ユーザーのログイン状態が変化したタイミングで State 変数 loginUser の内容を更新することで、画面の再描画を行います。

変数 loginUser の更新処理は、11〜16 行目の Effect フックで登録したハンドラーで行われます。関数 useEffect() の第 2 引数が空の配列なので、この登録処理は、コンポーネントの初回マウント時だけに行われます。12 行目の auth.onAuthStateChanged() は、Firebase が提供するライブラリ関数で、ユーザーのログイン状態が変化すると、この関数で登録したハンドラー関数を自動的に実行します。今の場合、次の太字部分がハンドラー関数になります。

注14 ホスト名を使用せずに IP アドレスを直接指定してアクセスすると、「2.3.3　ユーザー認証機能の設定」で設定した承認済みドメインと一致しないため、ログイン機能が正しく動作しないので注意してください。

```
12    const unsubscribe = auth.onAuthStateChanged((user) => {
13      setLoginUser(user);
14    });
```

　新しくログインしたユーザーの情報がハンドラー関数の引数userに受け渡されるので、これを13行目でState変数loginUserに保存します。また、12行目でauth.onAuthStateChanged()が返却する関数unsubscribeは、ハンドラーの登録を解除するものです。15行目で関数useEffect()のクリーンアップ関数としてunsubscribeを返しているので、このコンポーネントがアンマウントされたタイミングで、ハンドラーの登録が解除されます[注15]。

　画面に表示する内容は、20～35行目で用意しています。ユーザーがログインしていない場合、変数loginUserの内容はnullになっており、この場合はログインボタンを表示します（28～34行目）。そうでない場合は、変数loginUserから、ユーザー名の情報（loginUser.displayName）を取り出して、これを含んだメッセージを表示します（21～26行目）。24行目で表示しているログアウトボタンは、クリック時にsignOut(auth)を実行します。これは、Firebaseのライブラリ関数で、ログイン中のユーザーをログアウト状態に変更します。

　これで、ユーザーのログイン機能が実装できました。Firebaseを利用することで、Googleアカウントによるログイン処理が簡単に実現できました。今回の実装では、ログイン中のユーザーの情報は、変数loginUserから取り出すことができますが、同じ情報は、auth.currentUserで参照することもできます。

2.4.3　グローバルCSSの適用

　先ほどのサンプルアプリケーションでは、ログインボタンがブラウザ標準のスタイルのままでした。CSSファイルを用いて、もう少し見栄えをよくしておきます。Next.jsでは、表示するページを初期化するAppコンポーネントをカスタマイズすることで、すべてのページに共通のCSS（グローバルCSS）を適用することができます。ボタンのように複数のページで共通に利用するコンポーネントは、グローバルCSSでスタイルを設定しておくとよいでしょう。

　具体的には、次の作業を行います。まず、開発用Webサーバーを起動したまま、新しいコマンド端末を開いて、作成したアプリケーションのディレクトリに移動します。

```
cd $HOME/TestApp/src
```

[注15]　「1.2.2　Reactコンポーネントの作成例」で説明したように、useEffect()で登録するハンドラーが返却するクリーンアップ関数は、コンポーネントのアンマウント時に実行されます。これを行わないと、Firebaseのハンドラーが複数回登録されて、多重実行される恐れがあります。

次に、ファイル pages/_app.js を次の内容で作成します。

pages/_app.js

```
1  import "styles/global.css";
2
3  export default function App({ Component, pageProps }) {
4    return <Component {...pageProps} />;
5  }
```

1行目でCSSファイル styles/global.css をインポートしており、これにより、すべての
ページにこのCSSファイルの内容が適用されます。次は、このCSSファイルを用意します。
はじめに、ディレクトリ styles を作成します。

```
mkdir styles
```

続いて、ファイル styles/global.css を次の内容で作成します。

styles/global.css

```
1  html,
2  body {
3    padding: 10px;
4    margin: 0;
5    font-family: sans-serif;
6  }
7
8  button {
9    background-color: #0075c2;
10   border: 2px solid transparent;
11   color: white;
12   font-size: 1.0rem;
13   padding: 0.6rem;
14   margin: 0.6rem;
15   border-radius: 0.4rem;
16   cursor: pointer;
17  }
18
19  button:active {
20   color: #0075c2;
21   background-color: white;
22   border: 2px solid #0075c2;
23  }
24
25  button:disabled {
```

```
26    background-color: #cccccc;
27  }
```

　起動中の開発用 Web サーバーは、これらの変更を自動的に反映します。**図2-27**のように
ボタンのスタイルが変化していることがわかります。

図2-27　ボタンのスタイルを変更した結果

Welcome, Etsuji Nakai!

Logout

Home Page

　ここまで、開発用仮想マシン上で開発用 Web サーバーを起動して、作成したアプリケーショ
ンの動作を確認しましたが、これを一般公開するにはどうすればよいでしょうか？　本書で
は、開発済みのアプリケーションを含んだコンテナイメージを作成して、Cloud Run にデプ
ロイして公開します。この後、「2.6.1　クライアントコンポーネントとサーバーコンポーネ
ント」で説明するように、フロントエンドのアプリケーションを Cloud Run のサービスとし
て公開することにより、同じく Cloud Run のサービスとしてデプロイしたバックエンドサー
ビスとの連携が容易になります。

2.5 Cloud Run へのアプリケーションデプロイ

2.5.1 コンテナイメージ作成準備

　これまで、開発用仮想マシンのディレクトリ $HOME/TestApp/src 以下に簡単な Web アプリ
ケーションを作ってきました。本節では、この内容をコンテナイメージにして、Cloud Run
のサービスとしてデプロイします。開発用仮想マシンでは、ディレクトリ node_modules に
さまざまなパッケージがインストールされており、開発した Web アプリケーションは、こ
こから必要なモジュールをインポートして動作します。原理的には、node_modules を含む、
$HOME/TestApp/src 以下のすべての内容をコンテナイメージに含めれば、Cloud Run の環境
で動作させることができます。

　しかしながら、node_modules には、実際には使用しないモジュールもたくさんあるた
め、これらすべてをコンテナイメージに含めると、イメージのサイズが無駄に大きくなり

ます。Next.jsは、実際に使用するモジュールだけを含んだ実行可能ファイルを作成する機能（standalone機能）があるので、これを利用して、必要最小限のファイルを含んだコンテナイメージを作成します。ここではまず、コンテナイメージの作成に必要な準備を行います。開発用仮想マシンのコマンド端末を開いて、$HOME/TestApp/srcをカレントディレクトリに変更します。

```
cd $HOME/TestApp/src
```

Next.jsのstandalone機能を有効化するために、設定ファイルnext.config.jsを次の内容で作成します。

next.config.js
```
module.exports = {
  output: 'standalone',
}
```

この状態でコマンド「npm run build」を実行すると、ディレクトリ.next以下に実行可能ファイルが生成されます。ただし、この処理は、コンテナイメージを作成するビルド処理の一部として実行する必要があります。そこで、この処理を含んだビルド処理を実施するDockerfileを次の内容で作成します。

Dockerfile
```
 1  FROM node:18-alpine AS base
 2
 3  # Builder image
 4  FROM base AS builder
 5
 6  RUN apk add --no-cache libc6-compat
 7  WORKDIR /build
 8  COPY . .
 9  RUN npm ci
10  RUN npm run build
11  RUN touch .env
12
13  # Production image
14  FROM base AS runner
15
16  WORKDIR /app
17  ENV NODE_ENV production
18
19  RUN addgroup --system --gid 1001 nodejs
```

```
20   RUN adduser --system --uid 1001 nextjs
21
22   COPY --from=builder /build/public ./public
23
24   RUN mkdir .next
25   RUN chown nextjs:nodejs .next
26
27   COPY --from=builder --chown=nextjs:nodejs /build/.env* ./
28   COPY --from=builder --chown=nextjs:nodejs /build/.next/standalone ./
29   COPY --from=builder --chown=nextjs:nodejs /build/.next/static ./.next/static
30
31   USER nextjs
32   EXPOSE 3000
33   ENV PORT 3000
34   ENV HOSTNAME "0.0.0.0"
35
36   CMD ["node", "server.js"]
```

　9行目と10行目がビルド処理の中心になります。9行目の「npm ci」は、package.jsonと package-lock.jsonに従って、ディレクトリnode_modulesにパッケージをインストールします[注16]。そして、10行目の「npm run build」によって、実際に使用するモジュールだけを含んだ実行可能ファイルをディレクトリ.next以下に生成します。この後は、.next以下からファイルをコピーして、必要最小限のファイルだけを含んだイメージを作成します。

　この処理の流れからわかるように、コンテナイメージをビルドする際は、開発用仮想マシンにあるnode_modulesの内容を使用するのでなく、ビルド環境で新しくnode_modulesの内容を用意します。そのため、開発用仮想マシンにあるnode_modulesの内容は、ビルド環境にコピーしないように設定する必要があります。dockerコマンドでビルドする場合は、設定ファイル.dockerignoreにビルド環境にコピーしないファイルを指定しますが、今回は、Google CloudのCloud Buildを用いてビルド処理を行うので、設定ファイル.gcloudignoreを使用します。具体的には、次の内容で.gcloudignoreを作成します。

.gcloudignore

```
node_modules
.next
```

　ここでは、node_modulesに加えて、ディレクトリ.nextを除外対象にしています。何らかの理由で開発用仮想マシンで「npm run build」を実行していた場合、ディレクトリ.nextができていますが、これを誤ってビルド環境にコピーしないための設定です。

[注16]「npm ci」は、基本的には「npm install」と同じですが、package.jsonとpackage-lock.jsonの内容に矛盾がないかを事前にチェックして、矛盾がある場合はエラーを返します。一方、「npm install」は、そのような場合、package.jsonを優先して、package-lock.jsonの内容を上書きで更新します。

2.5.2 Cloud Buildによるコンテナイメージ作成

gcloudコマンドの利用準備

　ここでは、Cloud Build を用いてコンテナイメージを作成します。Cloud Build は、Google Cloud のマネージドサービスなので、gcloud コマンドを用いて操作します。開発用仮想マシンには、gcloud コマンドの利用に必要な Google Cloud SDK が事前にインストールされています。ただし、gcloud コマンドを利用する際は、操作対象のプロジェクトと操作するアカウントを事前に設定する必要があります。はじめに、次のコマンドで現在の設定状況を確認します。

```
gcloud config list
```

　次のような結果が得られます。

```
[core]
account = 921114403460-compute@developer.gserviceaccount.com
disable_usage_reporting = True
project = cloud-genai-app

Your active configuration is: [default]
```

　project は、操作対象のプロジェクト ID を表します。実際に使用している Google Cloud のプロジェクトに一致しているはずです。操作対象のプロジェクトを変更する際は、次のコマンドを実行します。[Project ID] の部分は、対象のプロジェクト ID に置き換えてください。

```
gcloud config set project [Project ID]
```

　account は、Google Cloud を操作するアカウントを表しており、このアカウントの権限で許された操作だけが実施できます。VM インスタンスから gcloud コマンドを利用する場合、デフォルトでは、特定のユーザーに紐づかないサービスアカウントが設定されています。これは、この VM インスタンスで稼働するアプリケーションから Google Cloud を操作することを想定した設定ですが、今回は、開発者自身が操作するので、開発者自身のユーザーアカウント（プロジェクトを作成する際に使用した Google アカウント）を使用するように切り替えます。

　この際、自分がこのアカウントの所有者であることを証明する認証処理が必要になります。具体的な手順は次のとおりです。まず、次のコマンドを実行します。

```
gcloud auth login
```

「Do you want to continue (Y/n)?」という確認メッセージが表示されるので、「Y」で返答すると、認証処理のURLとあわせて、認証コードの入力を要求する「Enter authorization code:」というメッセージが表示されます。表示されたURLをブラウザで開くと、Googleログインの認証画面が表示されるので、プロジェクトの作成に使用したGoogleアカウントを指定して認証を行います。すると、認証コードが表示されるので、これをコピーして、コマンド端末の方に入力します。再度、「gcloud config list」を実行すると、accountが、先ほど認証したGoogleアカウントに変わっています。これで、gcloudコマンドの利用準備ができました。

コンテナイメージの作成

この後、Cloud Buildでコンテナイメージを作成して、Cloud Runにデプロイするので、次のコマンドでこれら2つのサービスの利用に必要なAPI（Cloud Build API、および、Cloud Run Admin API）を有効化します。

```
gcloud services enable \
  cloudbuild.googleapis.com \
  run.googleapis.com
```

それぞれのAPIを指定するURI（今の場合は、cloudbuild.googleapis.com、および、run.googleapis.com）は、次のコマンドで確認できます。

```
gcloud services list --available
```

これを実行すると利用可能なすべてのサービスのAPIが表示されるので、特定のサービスについて調べたい場合は、次のように、grepコマンドでフィルタリングするとよいでしょう。

```
gcloud services list --available | grep -E "(Cloud Build|Cloud Run)"
```

続いて、次のコマンドで、作成したコンテナイメージを保存するリポジトリを用意します。Dockerイメージを保存するので、オプション「--repository-format docker」を指定します。オプション--locationは、リポジトリを作成するリージョンの指定です。ここでは、東京リージョンを指定しています。

```
gcloud artifacts repositories create container-image-repo \
  --repository-format docker \
  --location asia-northeast1
```

　このリポジトリは、Google Cloud のプロジェクト環境に用意されるもので、ここに保存したイメージは、同じプロジェクトのサービスから利用できます。この後で利用するので、次のコマンドで、このリポジトリのパスを環境変数REPOに保存しておきます。「2.2.1　Next. js開発環境セットアップ」での設定によって、環境変数GOOGLE_CLOUD_PROJECTには、使用中のプロジェクトのプロジェクトIDがセットされている点に注意してください[注17]。

```
REPO=asia-northeast1-docker.pkg.dev/$GOOGLE_CLOUD_PROJECT/container-image-repo
```

　これでコンテナイメージをビルドする準備ができました。次のコマンドを実行すると、ビルド処理が行われます。（.gcloudignoreで除外したファイルを除いて）カレントディレクトリ以下のファイルをGoogle Cloud上のビルド環境にコピーして、Dockerfileに従ってビルド処理が行われます[注18]。オプション--tagで、イメージを保存するリポジトリ上のファイルパスを指定します。

```
gcloud builds submit . --tag $REPO/test-app
```

　ビルドが完了すると、完成したコンテナイメージが先ほど作成したリポジトリに保存されます。リポジトリの内容は、クラウドコンソールから確認できます。ナビゲーションメニューから「Artifact Registry」→「リポジトリ」を選択してください。

2.5.3　Cloud Runへのデプロイ

　作成したコンテナイメージをCloud Run にデプロイします。このとき、コンテナ内のアプリケーションは、デプロイ時に指定したサービスアカウントの権限で動作します。コンテナ内のアプリケーションがFirebaseの機能、あるいは、Google Cloudの他のサービスを利用する際は、このサービスアカウントの権限が用いられます。セキュリティ保護の観点からは、必要最低限の権限を持ったサービスアカウントを使用することが望まれます。ここでは、Firebaseの管理権限だけを持ったサービスアカウントを作成して使用します。

注17 これ以降、GOOGLE_CLOUD_PROJECT をはじめとするさまざまな環境変数を含むコマンドが現れます。これらのコマンドを実行する際は、それぞれの環境変数の値が正しくセットされているか注意してください。

注18 .gcloudignoreでディレクトリnode_modulesを除外するのを忘れると、node_modules以下の大量のファイルのコピー処理が発生するので注意してください。

はじめに、次のコマンドでサービスアカウント firebase-app を作成します。

```
gcloud iam service-accounts create firebase-app
```

それぞれのサービスアカウントは対応するメールアドレスを持っており、サービスアカウントを指定する際はメールアドレスで指定します。そこで、先ほど作成したサービスアカウントのメールアドレスを環境変数 SERVICE_ACCOUNT に保存しておきます。

```
SERVICE_ACCOUNT=firebase-app@$GOOGLE_CLOUD_PROJECT.iam.gserviceaccount.com
```

次のコマンドで、このサービスアカウントに Firebase の管理者ロールを追加します。

```
gcloud projects add-iam-policy-binding $GOOGLE_CLOUD_PROJECT \
  --member serviceAccount:$SERVICE_ACCOUNT \
  --role "roles/firebase.sdkAdminServiceAgent"
```

これで必要な準備ができました。ロールの追加が反映されるまで少し時間がかかることがあるので、1分程度待ってから次の作業に進んでください。続いて、次のコマンドを実行すると、リポジトリに保存しておいたコンテナイメージと先ほど作成したサービスアカウントを用いて、Cloud Run へのデプロイが実行されます[注19]。

```
gcloud run deploy test-app \
  --image $REPO/test-app \
  --service-account $SERVICE_ACCOUNT \
  --region asia-northeast1 --allow-unauthenticated
```

1行目の test-app は、デプロイしたアプリケーションに設定するサービス名で、任意の名前が指定できます。その後のオプション --image と --service-account で、先にリポジトリに保存したイメージ、および、先に作成したサービスアカウントを指定します。また、オプション --region はデプロイするリージョンの指定です。ここでは、東京リージョンを指定しています。

最後のオプション --allow-unauthenticated は、デプロイしたサービスに認証なしでのアクセスを許可するものですが、ここでいう認証は、Cloud Run の環境で動作するアプリケーション同士が API 連携する際に、サービスアカウントの権限で認証することを意味します。今回は、

注19　サービスアカウントへのロールの追加を忘れて Cloud Run にサービスをデプロイしてしまい、後からサービスアカウントにロールを追加する場合があるかもしれません。このような場合、ロールの追加を反映するには、Cloud Run のサービスを再度デプロイする必要があるので注意してください。

外部の一般ユーザーにアプリケーションを公開することが目的なので、認証なしでのアクセスを許可します。

　アプリケーションの利用者に対するユーザー認証が必要な際は、前節で実装したように、Firebase の機能でログイン認証を行います。詳しくは「2.6　サーバーコンポーネントの利用」で説明しますが、Firebase は、ログインしたユーザーに対して、認証用のトークンを発行する機能を持ちます。クラウド上で稼働するサーバーサイドのコンポーネントを使用する際は、トークンを確認することで、ログイン済みのユーザーだけにサーバーサイドの機能の使用を許可することができます。

　デプロイ済みのサービスは、クラウドコンソールから確認できます。ナビゲーションメニューから「Cloud Run」を選択すると、**図2-28**のようにデプロイ済みのサービスが一覧表示されます。

図2-28　Cloud Run にデプロイしたサービスの一覧

　サービス名（この例では「test-app」）をクリックすると、該当サービスの管理画面が表示されて、ここから、サービスの URL やアプリケーションの稼働ログが確認できます。サービスの URL については、先ほど実行したデプロイ用のコマンドの出力からも確認できます。デプロイに成功すると、出力の最後に「Service URL: https://test-app-xxxxxx-an.a.run.app」というようなメッセージが表示されます[注20]。この URL にブラウザからアクセスすると、デプロイしたアプリケーションが利用できます。

　ただし、今の段階では、[Login Menu] のリンクから提供される Google ログイン機能は正しく動作しません。ログインボタンは表示されますが、これをクリックしてもログイン処理のポップアップが開きません。「2.3.3　ユーザー認証機能の設定」で、承認済みドメインの設定を行いましたが、このアプリケーションがデプロイされたドメインを承認済みドメインに追加する必要があります。

　追加手順は「2.3.3　ユーザー認証機能の設定」で説明したとおりですが、簡単にまとめると次のようになります。まず、Firebase コンソールのトップ画面（https://console.firebase.google.com）を開くと、プロジェクトの一覧が表示されるので、今回使用しているプロジェクトをクリックして、プロジェクトの管理画面を開きます。左のメニューから「構築」→

注20　xxxxxx の部分は環境によって異なります。

「Authentication」を選択して、［設定］タブの「承認済みドメイン」をクリックします。［ドメインの追加］をクリックして、先ほど確認したサービス URL の FQDN「test-app-xxxxxx-an. a.run.app」を入力して［追加］をクリックします。この後、ブラウザ上のアプリケーションの画面をリロードすれば、ログインボタンが正しく機能します。

2.6　サーバーコンポーネントの利用

2.6.1　クライアントコンポーネントとサーバーコンポーネント

　前節では、Next.js で作成したアプリケーションを Cloud Run の環境にデプロイしましたが、開発したアプリケーションが実際に動いている場所はどこでしょうか？　これまでに開発したコードは、クライアントコンポーネントと呼ばれるもので、すべて、クライアント側のブラウザで稼働します。React で作成した JavaScript のコードは、初回の描画時に、ブラウザで表示可能な HTML に変換されますが、この中にさまざまな処理を行う JavaScript のコードが埋め込まれています。

　先ほどの例でいえば、現在時刻を取得して表示する処理は、ブラウザで稼働する JavaScript によって行われます。あるいは、Firebase の機能で Google アカウントによるユーザー認証を行う場合、ブラウザで稼働する Firebase のクライアントライブラリがインターネットを経由して、Google が提供する認証処理の API と連携します。言い換えると、Cloud Run で稼働するサービスは、クライアントに対して、クライアントコンポーネントを配信するだけの存在になります[注21]（**図2-29**）。

図2-29　クライアントコンポーネントはブラウザ上で実行される

　一方、Next.js では、サーバー側で稼働する、サーバーコンポーネントを使用することもできます。これは、Cloud Run のコンテナ上で実行されるコンポーネントになります[注22]。こ

[注21]　厳密には、Next.js はサーバーサイドレンダリングという機能を持っており、React で作成したコードをブラウザで表示可能な（JavaScript のコードを含んだ）HTML に変換する初回の描画処理は、サーバー側で実施します。

[注22]　正確にいうと、Cloud Run のコンテナ上の Node.js によって実行されるコンポーネントです。

れを利用すると、クライアントからJSON形式のデータを受け取ってサーバー側で処理をする、いわゆるREST APIサーバーが実装できます。たとえば、サーバーコンポーネントが提供するREST APIをクライアントコンポーネントから呼び出すといった連携ができます（**図2-30**）。

図2-30 クライアントコンポーネントとサーバーコンポーネントの連携

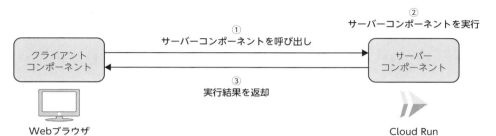

　ただし、サーバーコンポーネントは、クラウドのリソースを使用するので、誰でも自由にアクセスできるとセキュリティの観点で問題があります。ここで、Firebaseのユーザー認証機能が活用できます。Firebaseのクライアントライブラリを使用すると、ログイン済みのユーザーに対して、クライアント側で、認証用のIDトークンが発行できます。そこで、サーバー側でIDトークンを検証して、ログイン済みのユーザーからのリクエストだけを処理するように実装します。

　また、サーバーコンポーネントがCloud Runで動いている場合、**図2-31**のように、サーバーコンポーネントから、さらに、Cloud Runにデプロイした他のバックエンドサービスを呼び出すこともできます。この構成の場合、クライアントの認証はサーバーコンポーネントで行われるので、他のバックエンドサービスではクライアントの認証は不要です。Cloud Runで稼働するサービス同士は、サービスアカウントを用いた認証が設定できるので、サーバーコンポーネントが稼働するコンテナのサービスアカウントに、他のサービスを呼び出す権限を設定すれば十分です。バックエンドサービスは、さまざまなアプリケーションから利用される可能性がありますが、アプリケーションごとに認証方法が異なると対応が難しくなります。この構成であれば、このような問題が避けられます。

図2-31　サーバーコンポーネントから他のバックエンドサービスを呼び出す構成

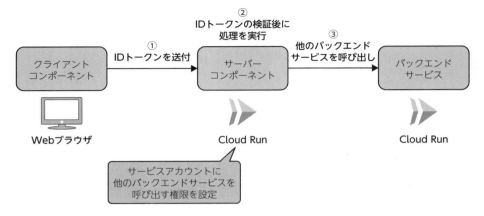

　特に本書では、Next.jsのサーバーコンポーネントは、ユーザー認証だけを担当して、その後の処理は、他のサービスを呼び出して連携するアーキテクチャーを用います。これはちょうど、Next.jsのサーバーコンポーネントが、他のサービスに対するAPIゲートウェイとなる、マイクロサービスアーキテクチャーの構成です。サーバーコンポーネントだけでさまざまなバックエンドを実装することもできますが、機能ごとにバックエンドサービスを分離することで、マイクロサービスアーキテクチャーの柔軟性が実現できます。

2.6.2　サーバーコンポーネントでのユーザー認証

　ここでは、Next.jsのサーバーコンポーネントで、FirebaseのIDトークンを検証する仕組みを実装します。最終的には、先ほどの**図2-31**のようにサーバーコンポーネントと他のバックエンドサービスを連携する構成を実現しますが、ここでは簡単のため、サーバーコンポーネントだけで処理を完結するようにします。簡単な例として、クライアントから英文のテキストを送ると、単語数と文字数を返答する「文字数カウントサービス」のREST APIサーバーを実装します。

サーバーコンポーネントの実装

　Next.jsのPagesルーターでは、ディレクトリpages/apiの下に配置したファイルがサーバーコンポーネントになります。ファイルパスと対応するURLパスの関係は、「2.2.2　静的Webページ作成」の**表2-1**に示したものと同じで、たとえば、ファイルpages/api/wordcount.jsを作成すると、これは、URLパス/api/wordcountに対応します。アクセスする側から見れば、URLパスが/apiで始まっていればサーバーコンポーネント、そうでなければクライアントコンポーネントになります。

　クライアントコンポーネントのコードは、ブラウザに表示する内容をReactで記述しますが、サーバーコンポーネントは、サーバー側のNode.jsで実行されるものなので、コードの書き方が異なります。ここでは特に、REST APIの機能を実装するので、REST APIの仕様に従って実装します。

　ここからは、具体例で説明していきましょう。まずは、開発用仮想マシンのコマンド端末を開いて、ディレクトリpages/apiを作成します。

```
cd $HOME/TestApp/src
mkdir pages/api
```

　ファイルpages/api/wordcount.jsを次の内容で作成します。

pages/api/wordcount.js

```
 1  import { verifyIdToken } from "lib/verifyIdToken";
 2
 3  export default async function handler(req, res) {
 4    // Client verification
 5    const decodedToken = await verifyIdToken(req);
 6    if (! decodedToken) {
 7      res.status(401).end();
 8      return;
 9    }
10
11    console.log(decodedToken);
12
13    const text = req.body.text;
14    const string = text.replace(/\r\n|\r/g, " ");
15    const chars = string.replace(/\s+/g, "").length;
16    let words = 0;
17    if (chars > 0) {
18      words = string.trim().split(/\s+/).length;
19    }
20
21    const data = {
22      words: words,
23      chars: chars,
24    }
25
26    res.status(200).json(data);
27  }
```

　3行目のように、デフォルトエクスポートした関数がサーバーコンポーネントの本体になります。非同期処理を扱うので、async関数として定義しています。引数にreqとresの2つ

の変数がありますが、reqにはクライアントが送信したデータが入っています。JSON形式のデータをディクショナリに変換したものがreq.bodyから得られます。もう一方のresには、クライアントへの応答内容を格納します。

　そして、5～9行目で、クライアントからのデータに含まれるIDトークンを検証しています。実際に検証する部分は、この後、別ファイルlib/verifyIdToken.jsで実装しますが、検証に成功した場合、5行目のdecodedTokenには、IDトークンから得られたユーザー情報が入ります。どのような情報が入っているのかを見るために、11行目でその内容をログに出力しています。一方、検証に失敗した場合、つまり、ユーザーが送ったIDトークンが正しいものでなかった場合、decodedTokenはnullになります。この場合は、認証エラーを表す401ステータス（HTTP Unauthorized）を返します（6～9行目）。変数resに応答内容を格納しておけば十分で、8行目のreturnで変数resを返す必要はありません。

　この後は、クライアントから受け取ったテキストデータから単語数と文字数を計算して、その結果を返却します。リクエスト本体のtext要素にテキストデータが入っている想定です。返却する内容は、ディクショナリにまとめておき（21～24行目）、それをJSONに変換したものを200ステータス（OK）と共に変数resに格納します（26行目）。

　続いて、IDトークンを検証するライブラリを実装します。ファイルlib/verifyIdToken.jsを次の内容で作成します。

lib/verifyIdToken.js

```
 1  import admin from "firebase-admin";
 2
 3  try {
 4    admin.initializeApp();
 5  } catch (err) {
 6    if (!/already exists/.test(err.message)) {
 7      console.error('Firebase initialization error', err.stack)
 8    }
 9  }
10
11  export async function verifyIdToken(req) {
12    const idToken = req.body.token;
13    var decodedToken;
14    try {
15      decodedToken = await admin.auth().verifyIdToken(idToken);
16    } catch (err) {
17      decodedToken = null;
18    }
19    return decodedToken;
20  }
```

　IDトークンの検証には、Firebaseの管理SDK（firebase-adminパッケージ）を使用します。

「2.4.2　ログイン機能を持ったページ作成」でfirebaseパッケージをインストールしましたが、これは、クライアントコンポーネントで使用するためのライブラリです。一方、ここで使用する管理SDKは、サーバーコンポーネントで使用するためのライブラリになります。

　はじめに、3～9行目で、管理SDKを初期化します。この部分は「おまじない」と考えておいてください。そして、11行目で、IDトークンを検証する関数を（他のファイルからインポートして使用できるように）エクスポートしています。この関数では、リクエスト本体のtoken要素にIDトークンが格納されているものとして、管理SDKのライブラリ関数でその内容を検証しています（15行目）。検証に成功した場合は、IDトークンから得られたユーザー情報が返るので、これを変数decodedTokenに格納して返却します。検証に失敗した場合は、例外が発生するので、この場合は、decodedTokenにはnullを格納します。

　これで、文字数カウントサービスのREST APIを提供するサーバーコンポーネントが実装できました。これを実行するには、Firebaseの管理SDKのライブラリが必要になるので、次のコマンドでインストールしておきます。

```
npm install firebase-admin
```

クライアントコンポーネントの実装

　続いて、先ほど用意したサーバーコンポーネントを利用するクライアントコンポーネントを作ります。ここで実装するクライアントの画面のイメージは、**図2-32**になります。ログイン前のユーザーがアクセスした場合は、ログインボタンだけを表示しておき、ログインに成功するとこの画面が表示されます。テキストエリアに英文のテキストを入力して、[Submit]をクリックすると、単語数（Words）と文字数（Chars）が表示されます。

図2-32　文字数カウントサービスのクライアント画面

57

　これらの機能を実装したコンポーネントのファイル components/WordCount.js を次の内容で作成します。

components/WordCount.js

```
 1  import { useState } from "react";
 2  import { auth } from "lib/firebase";
 3
 4  export default function WordCount() {
 5
 6    const [text, setText] = useState("");
 7    const [count, setCount] = useState({words: 0, chars: 0});
 8    const [buttonDisabled, setButtonDisabled] = useState(false);
 9
10    const getCount = async () => {
11      const callBackend = async () => {
12        const apiEndpoint = "/api/wordcount";
13
14        const token = await auth.currentUser.getIdToken();
15        const request = {
16          method: "POST",
17          headers: {
18            "Content-Type": "application/json",
19          },
20          body: JSON.stringify({
21            token: token,
22            text: text,
23          })
24        };
25
26        const response = await fetch(apiEndpoint, request);
27        const data = await response.json();
28        return data;
29      };
30
31      setButtonDisabled(true);
32      const data = await callBackend();
33      setCount({words: data.words, chars: data.chars});
34      setButtonDisabled(false);
35    }
36
37    const textAreaStyle = {
38      fontSize: "1.1rem",
39      width: "600px",
40      height: "200px",
41    }
42
43    const element = (
```

```
44      <>
45        <h2>Word Count</h2>
46        <textarea
47          style={textAreaStyle} value={text}
48          onChange={(event) => setText(event.target.value)} />
49        <br/>
50        <button disabled={buttonDisabled} onClick={getCount}>
51          Submit
52        </button>
53        <div>
54          Words: {count.words}
55          <br/>
56          Chars: {count.chars}
57        </div>
58      </>
59    );
60
61    return element;
62  }
```

　まず、6〜8行目で3種類のState変数を定義しています。textは、テキストエリアに入力
したテキストの内容、countは、文字数カウントサービスから得られた情報（count.words
が単語数で、count.charsが文字数）を表します。また、buttonDisabledは、Submitボタン
の有効化／無効化をコントロールします。buttonDisabledがtrueの場合、ボタンを無効化
して押せない状態にします。文字数カウントサービスを呼び出して応答を待っている間は、
ボタンを無効化する想定です。

　43〜59行目では、これらの情報を用いて、画面に表示する内容を用意しています。46〜48行
目のテキストエリアの定義では、イベントハンドラー（onChange）を使って、入力した内容
を即座に変数textに保存しています。50〜52行目がSubmitボタンです。これを押すと、関
数getCount()を実行します。この関数では、サーバーコンポーネントとして実装した文字
数カウントサービスを呼び出して、得られた結果をcount変数に反映します。53〜57行目で、
これらの結果を表示します。

　サーバーコンポーネントを呼び出す関数getCount()は、10〜35行目で定義されていますが、
この関数の中で、さらに、補助関数callBackend()を定義しています（11〜29行目）。この
部分は、REST APIを呼び出す標準的なコードになっています。12行目で呼び出し先のエ
ンドポイント（サービスのURL）を指定しています。通常は、https://…で始まるURL全
体を指定しますが、今の場合、サーバーコンポーネントとクライアントコンポーネントは同
じサーバー（Cloud Runのコンテナ）で提供されているので、/api以降のURLパスだけを指
定すれば十分です。

　14行目では、現在ログイン中のユーザーを表すauth.currentUserのgetIdToken()メソッ
ドで、IDトークンを取得します。この部分は、Firebaseのクライアントライブラリが提供

する機能です。そして、IDトークン（token要素）と入力テキスト（text要素）を含むディクショナリをJSONに変換したものをリクエストデータとして（20〜23行目）、関数fetch()で、REST APIサーバーに送信します（26行目）。最後に、JSON形式で得られた結果をディクショナリに変換したものを返します（27〜28行目）。

　この後に続く、関数getCount()本体の処理（31〜34行目）は単純です。Submitボタンを無効化してから関数callBackend()でサーバーコンポーネントのREST APIを呼び出し、得られた結果を変数countに反映した後に、再度、Submitボタンを有効化します。

　最後に、このコンポーネントを用いて**図2-32**の画面を表示するコードを用意します。ファイルpages/wordCount.jsを次の内容で作成します。

pages/wordCount.js

```
 1  import Head from "next/head";
 2  import Link from "next/link";
 3  import { useState, useEffect } from "react";
 4  import { auth, signInWithGoogle } from "lib/firebase";
 5  import { signOut } from "firebase/auth";
 6  import WordCount from "components/WordCount";
 7
 8
 9  export default function WordCountPage() {
10    const [loginUser, setLoginUser] = useState(null);
11
12    // Register login state change handler
13    useEffect(() => {
14      const unsubscribe = auth.onAuthStateChanged((user) => {
15        setLoginUser(user);
16      });
17      return unsubscribe;
18    }, []);
19
20    let element;
21
22    if (loginUser) {
23      element = (
24        <>
25          <WordCount />
26          <br/>
27  <button onClick={() => signOut(auth)}>Logout</button>
28        </>
29      );
30    } else {
31      element = (
32        <>
33          <button onClick={signInWithGoogle}>
34            Sign in with Google
```

```
35        </button>
36      </>
37    );
38  }
39
40  return (
41    <>
42      <Head>
43        <title>Word Count</title>
44        <link rel="icon" href="/favicon.ico" />
45      </Head>
46      {element}
47    </>
48  );
49 }
```

　このコードの構成は、「2.4.2　ログイン機能を持ったページ作成」で作ったpages/loginMenu.jsとほぼ同じです。ユーザーのログイン状態によって、ログインボタン、もしくは、先ほど作成したコンポーネント、および、ログアウトボタンを表示します。

　これでクライアントコンポーネントも完成したので、開発用Webサーバーで動作確認をしておきましょう。「npm run dev」で開発用Webサーバーを起動して、ブラウザから「http://JKL.GHI.DEF.ABC.bc.googleusercontent.com:3000/wordCount[23]」にアクセスすると、図2-32のアプリケーションが利用できます。また、[Submit]をクリックして、サーバーコンポーネントを呼び出すと、開発用Webサーバーを起動中のコマンド端末に、次のようなメッセージが表示されます[24]。

```
{
  name: 'Etsuji Nakai',
  picture: 'https://lh3.googleusercontent.com/...
  iss: 'https://securetoken.google.com/...,
  aud: 'cloud-genai-app',
  auth_time: 1698275406,
  user_id: 't9e3P6y2JJ...',
  sub: 't9e3P6y2JJ....',
  iat: 1698296020,
  exp: 1698299620,
  email: 'enakai...',
  email_verified: true,
  firebase: {
    identities: { 'google.com': [Array], email: [Array] },
    sign_in_provider: 'google.com'
```

注23 JKL.GHI.DEF.ABCの部分は環境に応じて読み替えてください。
注24 ユーザーに固有の情報は一部マスクしてあります。

```
  },
  uid: 't9e3P6y2JJ...'
}
```

　これは、サーバーコンポーネントのコード pages/api/wordcount.js の 11 行目で変数 decodedToken の内容を出力した結果です。今の場合、サーバーコンポーネントは、開発用 Web サーバー上で実行されているので、開発用 Web サーバーのログとして出力されます。ID トークンから、ユーザー ID（uid）を含めたさまざまな情報が取得できることがわかります。

　新しく追加したコードを含めて、Cloud Run にデプロイし直す際は、次の手順に従います。はじめに、リポジトリのパスを環境変数に設定して、Cloud Build でコンテナイメージを再ビルドします。

```
REPO=asia-northeast1-docker.pkg.dev/$GOOGLE_CLOUD_PROJECT/container-image-repo
gcloud builds submit . --tag $REPO/test-app
```

　続いて、サービスアカウントを環境変数に設定して、新しいコンテナイメージを Cloud Run にデプロイします。

```
SERVICE_ACCOUNT=firebase-app@$GOOGLE_CLOUD_PROJECT.iam.gserviceaccount.com
gcloud run deploy test-app \
  --image $REPO/test-app \
  --service-account $SERVICE_ACCOUNT \
  --region asia-northeast1 --allow-unauthenticated
```

　ブラウザから「https://test-app-xxxxxx-an.a.run.app/wordCount」にアクセスすると先ほどと同様に文字数カウントのサービスが利用できます[注25]。クラウドコンソールから Cloud Run にデプロイしたサービスのログを確認すると、変数 decodedToken の内容が出力されていることもわかります。

　これで、クライアントコンポーネントとサーバーコンポーネントの連携動作が確認できました。ここまで、Next.js と Firebase を組み合わせたフロントエンド開発の基本を学びました。本章でデプロイした Cloud Run のサービスは、これ以降は使用しませんので、削除しても構いません。クラウドコンソールで、ナビゲーションメニューから「Cloud Run」を選択すると、デプロイ済みのサービスが一覧表示されるので、対象のサービスをチェックして、削除ボタン（ゴミ箱のアイコン）をクリックします。

注25 xxxxxx の部分は環境に応じて読み替えてください。

PaLM API を用いた
バックエンドサービス開発

第3章のはじめに

　前章では、Webアプリケーションのフロントエンドを実装して、Google Cloudにデプロイする方法を学びました。本章では、いよいよ、Google Cloudの生成AIサービス、特にPaLM APIを用いたバックエンドを作成します。作成したバックエンドは、Cloud Runのサービスとしてデプロイしたうえで、「2.6.1　クライアントコンポーネントとサーバーコンポーネント」の**図2-31**で示したように、Next.jsのサーバーコンポーネントから呼び出す形でフロントエンドと連携します。

　PaLM APIを用いたバックエンドを開発する際は、まずは、言語モデルをどのように利用すれば期待する結果が得られるのか、プロトタイプを用いて試行錯誤する必要があります。そこで、Vertex AI Workbenchを用いて、ノートブック上で対話的にコードを実行しながら、プロトタイピングを行います。期待する結果を得るためのコードが決まったら、これをバックエンドのコードとして実装したうえで、Cloud Runにデプロイします。その後、このバックエンドを利用するためのWeb UIを提供するフロントエンドを実装すれば、エンドユーザーに提供可能なWebアプリケーションが完成します。本章では、具体例として、英語の学習に役立つ「英文添削アプリ」と、画像から情報を取り出すVisual Q&Aサービスを利用した、「ファッションを褒めるチャットボット風アプリ」を作成します。

3.1　PaLM APIの使い方

3.1.1　Vertex AI StudioでPaLM APIを体験

Vertex AI Studioでの言語モデルの利用

　「1.1.2　本書で使用する主なサービス」-「PaLM APIとVertex AI Studio」で説明したように、PaLM APIは、Googleが開発した大規模言語モデルが利用できるサービスです。自然言語で指示内容を記述したテキストを送信すると、その応答がやはり自然言語のテキストとして得られます。クラウドコンソールに用意されているVertex AI Studioを用いると、ブラウザ上で言語モデルと対話することができるので、まずは、これを試してみましょう。

　はじめに、「2.1.1　新規プロジェクト作成」-「APIの有効化について」で説明した手順に従って、PaLM APIの利用に必要となるVertex AI APIを有効化します。ナビゲーションメニューから「APIとサービス」→「ライブラリ」を選択した後、上部の検索バーに「Vertex AI API」と入力して検索します。検索結果に「Vertex AI API」が表示されるので、これを選択して、表示された画面にある［有効にする］をクリックします（**図3-1**）。もしくは、開発用仮想マ

シンのコマンド端末で、次のコマンドを実行することでも有効化できます。

```
gcloud services enable aiplatform.googleapis.com
```

図3-1 Vertex AI APIを有効化

有効化が完了した後、ナビゲーションメニューから「Vertex AI」→「Vertex AI Studio：概要」を選択すると、**図3-2**のメニューが現れます。これからわかるように、「言語」「ビジョン（画像）」「音声」の3種類のサービスが利用できます。

図3-2 Vertex AI Studioのメニュー画面

　ここでは、言語モデルを試すので、「言語」の下にある［開く］をクリックすると、**図3-3**のメニューが表示されます。右の「会話を開始」で提供されるモデルは、過去の会話の内容を追跡して、会話中の話題に沿った応答を返します。会話を継続するチャットボットを構築する際は、このモデルが適しています。一方、左の「テキストを生成」で提供されるモデルは、1回限りのやりとりを行うもので、過去のやりとりが応答の内容に影響することはありません。文書の要約や分類などのテキストデータ処理を行う場合は、こちらのモデルを使用します。ここでは、「テキストを生成」の下にある［テキストプロンプト］をクリックします。

図3-3　言語に関する2種類のサービス

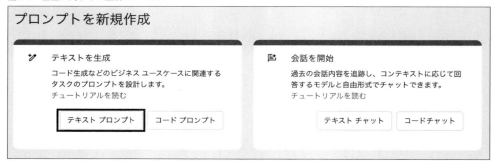

　図3-4の画面が表示されるので、「Prompt」の下の部分にテキストを入力して、［送信］を
クリックすると、画面の下にある「Response」の部分に言語モデルからの応答が表示されます。
言語モデルに入力するテキストのことを一般に「プロンプト」と呼びます。

図3-4　言語モデルとの対話画面

　図3-4の右側にある「モデル」と「Temperature」は、使用するモデルのバージョンと温度
パラメーターを設定します。モデルのバージョンは、図3-5のようにプルダウンメニューか
ら選択します。本書執筆時点では、「text-bison@002」が安定版の推奨モデルになっていま
すので、これ以降は、このバージョンを使用していきます。また、温度パラメーターは、0～
1の範囲で設定することができて、この値を大きくすると、モデルからの応答のバリエーショ
ンが広がります。言語モデルは、実行ごとに得られる結果が変化するという特性がありますが、
温度パラメーターを大きくすると、より大きく変化するようになります。

図3-5 言語モデルのバージョンを選択

文書の要約処理

　言語モデルのより実用的な使い方として、文書の要約処理を試してみます。たとえば、Wikipediaで「Quantum computing（量子コンピューティング）」の英語での説明ページを開いてみます。導入部だけでも、500単語以上の長い英文が現れます[注26]（**図3-6**）。

図3-6 Wikipediaによる「Quantum computing」の説明

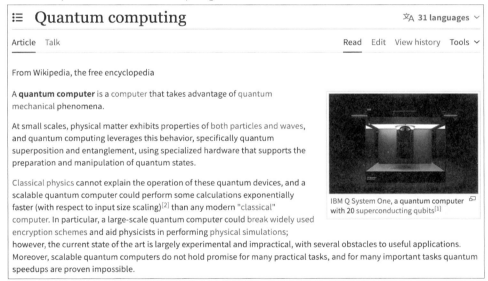

　Vertex AI Studioを用いると、この長い説明を簡単な日本語の文章に要約することができます。先ほどの対話画面で、プロンプトとして次の内容を入力します。［Wikipediaの説明文］の部分には、Wikipediaにある英語の説明文（導入部分）をそのままコピペで挿入します。

注26 https://en.wikipedia.org/wiki/Quantum_computing

> 以下の文章の要点を平易な文章で 3 行以内にまとめなさい。
>
> ［Wikipediaの説明文］

　温度パラメーターを 0.4 に設定して実行すると、言語モデルからの応答は次のようになります。

> 量子コンピュータは、量子力学の現象を利用したコンピュータです。
>
> 量子コンピュータは、量子重ね合わせと量子もつれを利用して、従来のコンピュータよりも指数関数的に高速な計算を行うことができます。
>
> しかし、量子コンピュータは、まだ実験段階であり、実用的な用途にはいくつかの課題があります。

　指示どおり、平易な文章での説明が得られました。ここでは、プロンプトの「3 行以内」という指示は、「3 文以内」という意味に解釈されたようです。このように、自然言語による指示をある程度柔軟に解釈して処理するのが言語モデルの特徴です。それでは、次のような指示はどうでしょうか？

> 以下の文章の要点をルービックキューブにたとえて、小学生にもわかるように 3 行で説明しなさい。
>
> ［Wikipediaの説明文］

　量子コンピュータをルービックキューブにたとえるという無茶振りですが、これはあまりうまくいきませんでした[注27]。「量子コンピュータは、ルービックキューブを解くための新しい方法です。」というちょっと怪しい答えが返ってきます。そこで、言語モデルがより柔軟に回答できるように、温度パラメーターを最大の 1.0 に設定して実行します。この場合、実行するごとに大きく異なる結果が得られるので、何度か試して、もっともらしい回答をピックアップすると次のような例が得られました。

> 量子コンピュータをルービックキューブにたとえると、
>
> ・普通のコンピュータは、ルービックキューブの各面を一つずつ回して揃えていくようなもの。
> ・量子コンピュータは、複数の面を同時に回して揃えていくようなもの。
> ・でも、量子コンピュータはまだまだ開発中で、うまく揃えるのは難しい。

　このように、言語モデルは自然言語で指示を与えられるので、誰でも簡単に利用できるのが利点ですが、実際には、プロンプトに記述する内容や温度パラメーターの値などを目的に

注27　あくまで、本書執筆時点での結果です。PaLM API が提供する言語モデルは、日々改良が行われているため、実行するタイミングによって結果が異なる可能性があります。

応じて工夫する必要があります。期待する結果を引き出すためにプロンプトの内容を工夫することをプロンプトエンジニアリングと呼ぶこともあります。Vertex AI Studioには、プロンプトエンジニアリングを支援する機能があるので、次は、文書の分類処理でこれを試してみましょう。

文書の分類処理

　ここでは、ニュース記事のタイトルから、その記事のカテゴリーを分類する処理を行います。先ほどと同じ対話画面で、次のプロンプトを入力します。温度パラメーターは、先ほどと同じ0.4に設定します。

> ニュースのタイトルから記事のカテゴリーを予測してください。
> - ビジネス
> - スポーツ
> - テクノロジー
>
> タイトル：中古品市場の動向

　事前に用意した「ビジネス」「スポーツ」「テクノロジー」のいずれかに分類することを意図しており、出力結果は、「ビジネス」になりました。一般論としては正しい分類といえそうですが、本書の読者であれば、「中古品といえば、中古PCだろう。これはテクノロジーに分類してほしかった…」と考える方もいるかもしれません。このような利用者のニーズに応じて、モデルの予測結果をカスタマイズするには、予測結果の具体例をサンプルとして提示する方法があります。画面の右上にある［構造化］をクリックすると、**図3-7**のようにサンプルデータを入力する画面が現れます。

図3-7　［構造化］をクリックしてサンプルデータの入力画面を表示

　ここから、「Examples」の部分に、記事タイトルと期待するカテゴリーのペアを入力して
いきます。「新しい行を追加するための入力を記述します」と「新しい行を追加するための出
力を記述します」という部分に、それぞれ、記事タイトルとカテゴリーを入力すると、新し
い行が追加されます。また、実際に予測したい記事タイトルは、画面下部の「Test」に入力
するので、画面上部の「Context」に示された言語モデルに対する指示からは、「タイトル：
中古品市場の動向」という行は削除しておきます。

　ここでは、一例として、**図3-8**の3つのペアを入力します。それぞれのカテゴリーについて、
1つずつサンプルを与えています。この後、**図3-7**の下部にある「入力を記述します」とい
う部分に「中古品市場の動向」と入力して、［送信］をクリックすると、今回は「テクノロジー」
という結果が得られます。**図3-8**の3つ目の例から、中古市場はテクノロジーに関連すると
解釈したものと想像できます。ここでは、簡単のために3つの例を入力しましたが、より複
雑な問題の場合は、さらに多くの例を追加していくことで、予測の精度を高めることができ
ます。

図3-8 「Examples」の入力例

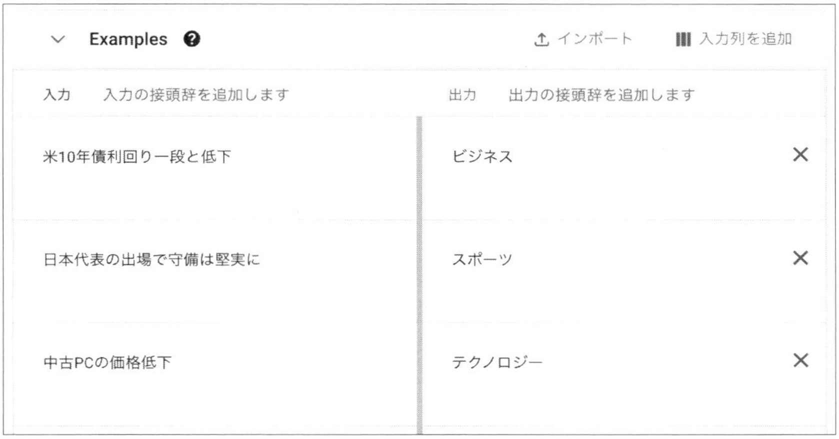

それでは、「Examples」に入力したデータは、どのようにして言語モデルに伝えられるのでしょうか？　画面の右上にある［コードを取得］をクリックするとPaLM APIにデータを送信する実際のコードが表示されます。これを見ると、次のテキストをプロンプトとして送信していることがわかります。

```
ニュースのタイトルから記事のカテゴリーを予測してください。
- ビジネス
- スポーツ
- テクノロジー

input: 米10年債利回り一段と低下
output: ビジネス

input: 日本代表の出場で守備は堅実に
output: スポーツ

input: 中古PCの価格低下
output: テクノロジー

input: 中古品市場の動向
output:
```

画面上では表形式でデータを入力しましたが、実際には「input」と「output」のペアをテキストデータとして並べているだけです。このように、フラットなテキストデータから構造化された情報を読み取ることができるのも言語モデルの特徴といえるでしょう。なお、この例のように、期待される入出力のサンプルをプロンプトに加えて、モデルの出力をチューニングする手法を「Few-shotラーニング」と呼ぶことがあります。あくまで、プロンプトに

サンプルデータを加えているだけで、言語モデルそのものに追加の学習処理を行うわけではありません。

　ここまで、Vertex AI Studioを用いて、ブラウザ上で言語モデルを利用しました。これと同じ処理をアプリケーションに組み込むには、プログラムコードからPaLM APIを呼び出す必要があります。Googleが提供するPython SDKを利用すれば、Pythonのコードから簡単にPaLM APIを使用することができます。次は、これを試してみます。

3.1.2　Python SDKによるPaLM APIの利用

Vertex AI Workbenchの環境準備

　はじめに、Pythonの実行環境として、Vertex AI Workbenchのノートブックを用意します。言語モデルを使ったアプリケーションを作成する際は、まずは、言語モデルから期待する結果を引き出すためのプロンプトを考える必要がありますが、これには、先ほど説明したFew-shotラーニングなどを含めて、さまざまな試行錯誤が必要です。そこで、いきなりアプリケーションのコードとして実装するのではなく、まずは、ノートブックの環境でプロトタイピングを行います。アプリケーションで利用するプロンプトが決まったら、あらためてバックエンドサービスとして実装します。

　まず、ノートブックの利用に必要となるNotebooks APIを有効化します。クラウドコンソールのナビゲーションメニューから「APIとサービス」→「ライブラリ」を選択した後、上部の検索バーに「Notebooks API」と入力して検索します。検索結果に「Notebooks API」が表示されるので、これを選択して、表示された画面にある［有効にする］をクリックします（**図3-9**）。もしくは、開発用仮想マシンのコマンド端末で、次のコマンドを実行することでも有効化できます。

```
gcloud services enable notebooks.googleapis.com
```

図3-9　Notebooks APIを有効化

72

次に、ナビゲーションメニューから「Vertex AI」→「ワークベンチ」を選択すると、Workbenchの管理画面が表示されます。ここでは、上部の［インスタンス］タブを選択して、［新規作成］をクリックします（**図3-10**）。

図3-10　［インスタンス］タブを選択して［新規作成］をクリック

新しいインスタンスの構成を設定する画面が表示されるので、任意の名前（この例では「gen-ai-development」）を指定して、使用するリージョンとゾーンを選択します（**図3-11**）。ここでは、リージョンにasia-northeast1（Tokyo）を選択します。ゾーンは任意で構いません。このほかに、インスタンスのサイズなども選択できますが、ここではその他の設定はデフォルトのまま、［作成］をクリックします。ここで作成したインスタンス上で、ノートブックの管理機能を提供するオープンソースのJupyterLabが稼働します。

図3-11　インスタンスの名前とリージョン／ゾーンを選択

コンソール画面上にインスタンスの一覧が表示されて、先ほど作成したインスタンスの起動が完了すると、**図3-12**のように［JUPYTERLABを開く］というボタンが有効化されます。これをクリックすると、ブラウザの新しいタブでJupyterLabの管理画面が開きます。**図3-13**のローンチャー画面が表示されるので、「Notebook」セクションの［Python 3］をクリックすると、新しいノートブックが開きます。

図3-12　インスタンスの起動完了後［JUPYTERLABを開く］をクリック

図3-13　ローンチャー画面で［Python 3］をクリック

　この後は、ノードブックのセルにコードを入力して実行していきます。コードを入力して、［Ctrl］+［Enter］、もしくは、画面上部のツールバーにある実行ボタン［▶］をクリックすると実行結果がその下に表示されます。同じく、ツールバーの［+］ボタンをクリックするとコード用のセルが追加できます。この環境には、PaLM APIの利用に必要なPython SDKが事前にインストールされているので、さっそく利用してみましょう。

Python SDK による PaLM API の利用例

　これ以降は、ノートブックで実行するコードを示していきます。はじめに、次のコマンドを実行して、Vertex AIを使用するための初期設定を行います。

```
1  import vertexai
2  vertexai.init(location='asia-northeast1')
```

　ここでは、オプションlocationで、東京リージョンで稼働するAPIサービスを使用するように設定しています。続いて、言語モデルを扱うモジュールTextGenerationModelをインポートして、PaLM APIのクライアントオブジェクトを取得します。オプションで使用するモデルを指定します。ここでは、先ほど、Vertex AI Studioで使用したものと同じtext-bison@002を指定しています。

```
1  from vertexai.language_models import TextGenerationModel
2  generation_model = TextGenerationModel.from_pretrained('text-bison@002')
```

クライアントオブジェクトのpredictメソッドで、プロンプトを送信して、言語モデルからの応答を得ることができます。ここでは、プロンプトを受け取って応答を返す関数get_response()を次のように定義します。

```
1  def get_response(prompt):
2      response = generation_model.predict(
3          prompt, temperature=0.2, max_output_tokens=1024)
4      return response
```

オプションtemperatureは温度パラメーターの値を設定します。ここでは、応答のバリエーションを抑えるために、小さめの0.2を指定しています。オプションmax_output_tokensは、応答に含まれるトークンの最大数を指定します。トークンは、英語でいうと単語数にあたりますが、日本語の場合は、動詞、名詞、助詞など、文法上の単位で分割した品詞数にあたります。設定可能な最大値は1024です。ここでは、例として、この関数を使って、キャンペーンメッセージを作成します[注28]。

```
1  prompt = '''\
2  サステナビリティの観点から中古PC市場を盛り上げる
3  シンプルで効果的な数行のキャンペーンメッセージを作成してください。
4  '''
5  response = get_response(prompt)
```

変数responseには、言語モデルからの応答を格納したオブジェクトが入っており、textとsafety_attributesの2つの要素を持ちます。text要素には、応答内容がテキストデータとして格納されています。内容を表示してみます。

```
print(response.text)
```

言語モデルからの応答は、実行ごとに内容が変わりますが、一例として、次のような結果が得られます。

```
**中古PCでサステナビリティを**

中古PCは、環境に優しく、経済的です。
CO2排出量を削減し、貴重な資源を節約することができます。
また、中古PCは、新品のPCよりもはるかに安価です。
サステナビリティと経済性を両立したいなら、中古PCがおすすめです。
```

注28 次のコードの1～4行目は、複数行のテキストをコード内に記述するPythonの記法を用いています。

　そして、safety_attributes要素には、応答内容の安全性を確認する指標となる情報が入っています。具体的な内容を確認してみます。

```
print(response.safety_attributes)
```

　上記の応答に対しては、次の指標が示されました。

```
{'Derogatory': 0.1, 'Finance': 0.6, 'Insult': 0.1, 'Profanity': 0.1, 'Sexual': 0.1}
```

　これは、医療や法律など、誤った情報が問題を引き起こす可能性が高い分野に関連した内容、あるいは、暴力的であるなどの問題を含んだ内容が応答文に含まれている可能性を0〜1の範囲の数値で示します。今回の場合、「中古PCは経済的」というメッセージが含まれているので、「Finance（経済）」に高い値がついています。

　これで、Python SDKを用いて、Pythonのコードから PaLM APIが利用できるようになりました。次は、いよいよ、実際に利用できるアプリケーションをめざしてプロトタイピングを行います。なお、JupyterLabの環境で新しいノートブックを開く際は、画面上のタブの右端にある［＋］ボタンをクリックします（**図3-14**）。先に、**図3-13**に示したローンチャー画面が開くので、ここで［Python 3］をクリックしてください。また、JupyterLabの利用が終わったら、不要な課金を避けるために、Workbenchのインスタンスを停止しておくことをお勧めします。**図3-12**に示したインスタンスの一覧画面で、対象のインスタンスのチェックボックスをクリックすると、［停止］ボタンが表示されるので、これをクリックします[注29]。

図3-14　［＋］ボタンをクリックしてローンチャーを開く

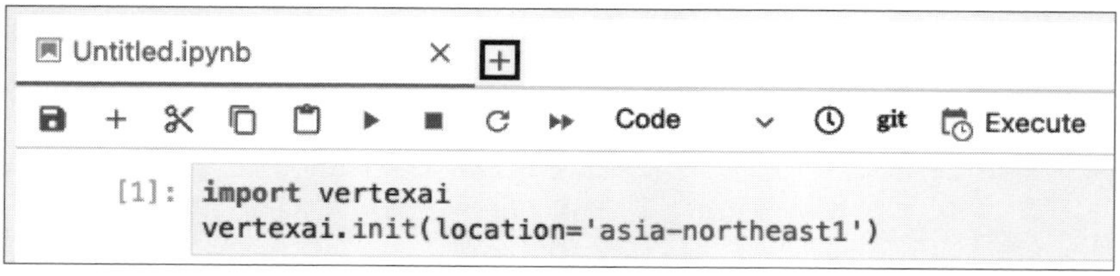

[注29] Workbenchのインスタンスは、Compute EngineのVMインスタンス一覧画面にも表示されますが、起動・停止などの操作は、Workbenchの管理画面から行うようにしてください。

3.2 英文添削アプリの作成

3.2.1 ノートブックでのプロトタイピング

　ここでは、言語モデルを利用して、英語の学習に役立つアプリケーションを作成します。はじめに、ノートブックを利用して、期待する結果を得るためのプロンプトを確認します。ここで実行するものと同じ内容のノートブックが、本書のGitHubリポジトリにも用意してありますので、必要に応じて参考にしてください[注30]。GitHubのWebサイト上で、フォルダー「genAI_book/Notebooks」内の「Grammar Correction with PaLM API.ipynb」を選択すると、ノートブックの内容が確認できます。

　それでは、プロトタイピングを進めます。前節で説明した手順で新しいノートブックを開いたら、言語モデルからの応答を得る関数get_response()を次のように定義します。

```
1  import vertexai
2  from vertexai.language_models import TextGenerationModel
3
4  vertexai.init(location='asia-northeast1')
5  generation_model = TextGenerationModel.from_pretrained('text-bison@002')
6
7  def get_response(prompt, temperature=0.2):
8      response = generation_model.predict(
9          prompt, temperature=temperature, max_output_tokens=1024)
10     return response.text.lstrip()
```

　safety_attributes要素は使用しないので、前節で定義した関数get_response()と違い、言語モデルの応答からテキスト部分だけを取り出して返します（10行目）。ここでは、応答文の先頭に含まれる空白文字をlstrip()メソッドで削除しています。また、引数temperatureで温度パラメーターを指定できるようにしてあります。デフォルト値は0.2です（7行目）。

　それでは、言語モデルに何をしてもらえば、英語の学習に役立つでしょうか？　たとえば、自分が書いた英文の間違いを訂正して、正しい文法で書き直してもらうのはどうでしょう。次のプロンプトを試してみます。

```
1  prompt = '''\
2  「text:」以下の英文を正しい英文法の文章に書き直してください。
```

[注30] https://github.com/google-cloud-japan/sa-ml-workshop

```
3   書き直した文章のみを出力すること。
4
5   text: I go to school yesterday. I eat apple lunch. I like eat apple.
6   '''
7   print(get_response(prompt))
```

結果は、次のようになりました。期待どおりの結果が得られたようです。

```
I went to school yesterday. I ate an apple for lunch. I like eating apples.
```

ただし、文法が正しくなっただけで、まだ、ネイティブスピーカーが書いた自然な文章とはいえなさそうです。そこで、より洗練された例文を作るように指示してみます。

```
1   prompt = '''\
2   「text:」以下の英文をより自然で洗練された英文に書き直した例を3つ示してください。
3
4   text: I go to school yesterday. I eat apple lunch. I like eat apple.
5   '''
6   print(get_response(prompt))
```

次の結果が得られました。

```
**例1**
I went to school yesterday. I had an apple for lunch. I like eating apples.

**例2**
Yesterday, I attended school. During my lunch break, I enjoyed eating an apple. I have a fondness
for apples.

**例3**
I attended school yesterday and had an apple for lunch. I find great pleasure in consuming apples.
```

こちらも期待どおりの結果ですが、得られた結果をさらにPythonのコードで処理する場合を考えると、出力フォーマットをもう少しシンプルにしたいところです。たとえば、各行の先頭にハイフンをつけた箇条書きにすることは可能でしょうか？　これには、先に説明したFew-shotラーニングのテクニックを利用します。これは、質問と回答の例をプロンプトに追加する手法ですが、次のように、回答例として明示的にフォーマットを提示します。また、回答のバリエーションが広がるように、温度パラメーターを少し大きめの0.4に設定してみます。

```
 1  prompt = '''\
 2  「text:」以下の英文をより自然で洗練された英文に書き直した例を3つ示してください。
 3
 4  text: I went to school yesterday. I ate an apple for lunch. I like eat apple.
 5  answer:
 6  - I went to school yesterday. I had an apple for lunch. I love apples.
 7  - Yesterday, I went to school. I had an apple for lunch. I really enjoy eating apples.
 8  - Yesterday, I went to school. I had an apple for lunch. Apples are my favorite fruit.
 9
10  次が本当の質問です。これに回答してください。
11  text: How are you? I send picture yesterday. It's funny and you like it.
12  answer:
13  '''
14  print(get_response(prompt, temperature=0.4))
```

結果は次のようになります。回答例と同様に、ハイフンを頭につけた箇条書きで結果が得られました。

```
- How are you? I sent you a picture yesterday. It's funny, and I think you'll like it.
- How are you? I sent you a funny picture yesterday. I hope you like it!
- How are you? I sent you a picture yesterday. It's funny, and I thought you might enjoy it.
```

このほかにもさまざまな使い方のアイデアが出てきそうですが、プロトタイピングはいったんここまでにします。次は、これまでに考えた機能をREST APIで提供するバックエンドサービスとして実装します。

3.2.2 バックエンドの実装

開発用仮想マシンの設定

ここでは、先ほどのプロトタイプで用いたプロンプトを利用して、エンドユーザーが英文のテキストを送信すると、文法を訂正した英文と、より自然な3つの例文を返すバックエンドサービスを実装します。はじめに、開発用仮想マシン上で動作確認をして、その後、Cloud Runのサービスとしてデプロイします。「2.1.2　開発用仮想マシンの作成」の手順で用意した開発用仮想マシンで作業を進めていきます。開発用仮想マシンを用意していない場合は、まずは、「2.1　Google Cloud プロジェクトのセットアップ」の内容を実施してください。

動作確認の際は、VMインスタンスで稼働するアプリケーションから、Google Cloud で稼働する PaLM API を呼び出す必要があるので、事前にそのための設定を行います。一般に、VMインスタンスで稼働するアプリケーションからGoogle Cloudのサービスを呼び出す場合、このVMインスタンスに設定されたサービスアカウントの権限での呼び出しが行われます。

デフォルトでは、サービスアカウントに対してPaLM APIを利用する権限が設定されていないので、そのための設定変更を行います。

　クラウドコンソールのナビゲーションメニューから「Compute Engine」→「VMインスタンス」を選択して、VMインスタンスの一覧を表示します（**図3-15**）。開発用仮想マシンが起動中の場合は、これを停止します。対象のVMインスタンスのチェックボックスをクリックすると、[停止] ボタンが表示されるので、これをクリックして停止します。

図3-15 VMインスタンスの一覧（チェックボックスと名前）

　VMインスタンスが停止したら、名前の部分をクリックしてVMインスタンスの設定画面を開き、画面上部の[編集]をクリックします。設定画面を下にスクロールしていくと、「アクセススコープ」の設定があるので、「すべてのCloud APIに完全アクセス権を許可」を選択して、[保存]をクリックします（**図3-16**）。再度、ナビゲーションメニューから「Compute Engine」→「VMインスタンス」を選択して、VMインスタンスの一覧を表示したら、対象のVMインスタンスのチェックボックスをクリックして、[開始／再開]ボタンをクリックします。

図3-16 アクセススコープの設定を変更

　これで必要な設定ができました。VMインスタンスが起動したら[SSH]をクリックして、コマンド端末を開きます。この後は、コマンド端末から作業を進めます。

FlaskによるREST APIサーバーの実装

　はじめに、バックエンドのコードを格納するディレクトリを作成して、カレントディレクトリを変更しておきます。

```
mkdir -p $HOME/GrammarCorrection/backend
cd $HOME/GrammarCorrection/backend
```

　ディレクトリ $HOME/GrammarCorrection に作成するアプリケーションのコードをすべてまとめる想定で、$HOME/GrammarCorrection/src 以下にフロントエンドのコード、そして、今作成した $HOME/GrammarCorrection/backend 以下にバックエンドのコードを格納します。これから作成するコードと同じものが、「2.2.1　Next.js 開発環境セットアップ」で GitHub リポジトリからクローンしたディレクトリ $HOME/genAI_book/GrammarCorrection/backend 以下にも用意されています。

　これ以降は、$HOME/GrammarCorrection/backend をカレントディレクトリとして作業を進めます。作成するファイルのファイル名は、このディレクトリを起点とするパスで表示します。まずはじめに、バックエンドの動作に必要な Python のライブラリを用意します。使用するライブラリを記述した設定ファイル requirements.txt を次の内容で作成します。

requirements.txt

```
1  Flask==2.3.2
2  gunicorn==21.2.0
3  google-cloud-aiplatform==1.36.1
```

　1 行目の Flask は、REST API を提供するバックエンドを Python で作成するライブラリで、2 行目の gunicorn は、作成したバックエンドを実行する Web サーバー機能を提供します。3 行目の google-cloud-aiplatform は、PaLM API をはじめとする Vertex AI の各種機能を利用するための Python SDK です。VM インスタンス上でテストを行うので、次のコマンドを実行して、これらのライブラリを VM インスタンスのローカル環境にインストールしておきます。

```
pip3 install --user -r requirements.txt
```

　ここでインストールされた Web サーバー（gunicorn）がコマンド端末から実行できるように、コマンド端末を開き直す必要があります[注31]。使用中のコマンド端末のウィンドウを閉じて、再度、クラウドコンソールから［SSH］をクリックしてコマンド端末を開きます。その後、次のコマンドで、再度、カレントディレクトリを $HOME/GrammarCorrection/backend に変更します。

```
cd $HOME/GrammarCorrection/backend
```

注31 gunicorn の実行コマンドはディレクトリ $HOME/.local/bin にインストールされます。コマンド端末を開き直すことで、このディレクトリが環境変数 PATH に追加されて実行可能になります。

　続いて、Flask を用いてバックエンドを実装しますが、まずは、最小構成の実装例で Flask の使い方を説明します。次のコードを見てください。

flask_example.py

```
1  import json
2  import os
3  from flask import Flask, request
4
5  app = Flask(__name__)
6
7  @app.route('/api/hello', methods=['POST'])
8  def hello_service():
9      json_data = request.get_json()
10     name = json_data['name']
11     resp = { 'message': 'Hello, {}!'.format(name) }
12     return resp, 200
```

　バックエンドの本体となるのは、7〜12行目の部分です。7行目は、クライアントがURL パス /api/hello に POST メソッドで送信したデータをこの直後の関数 hello_service() で処理することを指定しています。この関数内では、request.get_json() により、クライアントがJSON形式で送信したデータをPythonのディクショナリに変換して受け取ることができます（9行目）。ここでは、name 要素にユーザー名を表すテキストが入っている想定です（10行目）。そして、クライアントから受け取ったデータをもとに何らかの処理を行った後、クライアントへの応答内容をディクショナリにまとめて返送します。ここでは、「Hello,（ユーザー名）!」というメッセージを message 要素に格納して返送します（11〜12行目）。12行目の最後の 200 は、応答時のHTTPステータスコードです。

　これを開発用仮想マシンのローカル環境でテストする場合は、このファイル（flask_example.py）がカレントディレクトリにある状態で、次のコマンドを実行します。

```
gunicorn --bind localhost:8080 --reload --log-level debug \
  flask_example:app
```

　Webサーバー（gunicorn）が起動して、クライアントからのアクセスを受け付けます。最後の flask_example の部分は、バックエンドのファイル名から .py を除いた部分を指定します。その他のオプションの意味は、次のとおりです。

- **--bind**：リクエストを受ける「ホスト名：ポート番号」を指定
- **--reload**：バックエンドのコードを修正すると変更を自動で反映する
- **--log-level**：画面上に出力するログのレベルを指定

次のようなメッセージが画面に表示されて、「http://localhost:8080」でアクセスを受け付けていることがわかります[注32]。

```
[2023-11-06 00:08:13 +0000] [1183] [INFO] Starting gunicorn 21.2.0
[2023-11-06 00:08:13 +0000] [1183] [DEBUG] Arbiter booted
[2023-11-06 00:08:13 +0000] [1183] [INFO] Listening at: http://127.0.0.1:8080 (1183)
[2023-11-06 00:08:13 +0000] [1183] [INFO] Using worker: sync
[2023-11-06 00:08:13 +0000] [1184] [INFO] Booting worker with pid: 1184
[2023-11-06 00:08:13 +0000] [1183] [DEBUG] 1 workers
```

同じローカル環境から、curlコマンドでリクエストを送信して、応答を確認することができます。Webサーバーを起動したままの状態で、開発用仮想マシンの新しいコマンド端末を開いて、次のコマンドを実行します。

```
DATA='{"name":"Etsuji"}'
curl -X POST -H "Content-Type: application/json" -d "$DATA" \
  -s http://localhost:8080/api/hello | jq .
```

ここでは、変数DATAにJSON形式でリクエストデータを用意しておき、これを「http://localhost:8080/api/hello」宛にPOSTメソッドで送信しています。最後のjqコマンドは、JSON形式の応答を整形して表示します[注33]。バックエンドのコードに問題がなければ、次の結果が得られます。

```
{
  "message": "Hello, Etsuji!"
}
```

動作確認ができたので、Webサーバーを [Ctrl] + [C] で停止しておきます。なお、Webサーバーを起動すると、カレントディレクトリに__pycache__というディレクトリができて、Pythonの中間コードがキャッシュとして保存されます。このディレクトリは削除しても問題ありません。Gitでコードを管理する際は、.gitignoreに「__pycache__/」と記述して無視するようにします。

次は同じ形式で、本来の目的である、英文を受け取って処理するバックエンドをファイルmain.pyとして作成します。具体的には、次のコードになります。

注32 IPアドレス127.0.0.1は、localhostと同じ意味です。

注33 直前のコマンドがエラーメッセージを出力した場合、jqコマンドを通すとエラーメッセージが表示されない場合があります。期待する結果が得られない場合は、jqコマンド（「| jq .」の部分）を取り除いて、エラーメッセージを確認してください。

main.py

```python
1  import json
2  import os
3  import vertexai
4  from flask import Flask, request
5  from vertexai.language_models import TextGenerationModel
6
7  vertexai.init(location='asia-northeast1')
8  generation_model = TextGenerationModel.from_pretrained('text-bison@002')
9  app = Flask(__name__)
10
11
12 def get_response(prompt, temperature=0.2):
13     response = generation_model.predict(
14         prompt, temperature=temperature, max_output_tokens=1024)
15     return response.text.lstrip()
16
17
18 @app.route('/api/correction', methods=['POST'])
19 def grammar_correction():
20     json_data = request.get_json()
21     text = json_data['text']
22     # Join multiple lines into a single line
23     text = ' '.join(text.splitlines())
24
25     prompt = '''\
26 「text:」以下の英文を正しい英文法の文章に書き直してください。
27 書き直した文章のみを出力すること。
28
29 text: {}
30 '''.format(text)
31     corrected = get_response(prompt)
32
33     prompt = '''\
34 「text:」以下の英文をより自然で洗練された英文に書き直した例を 3 つ示してください。
35
36 text: I went to school yesterday. I ate an apple for lunch. I like eat apple.
37 answer:
38 - I went to school yesterday. I had an apple for lunch. I love apples.
39 - Yesterday, I went to school. I had an apple for lunch. I really enjoy eating apples.
40 - Yesterday, I went to school. I had an apple for lunch. Apples are my favorite fruit.
41
42 次が本当の質問です。これに回答してください。
43 text: {}
44 answer:
45 '''.format(text)
46     samples = get_response(prompt, temperature=0.4)
47
```

```
48      resp = {
49          'corrected': corrected,
50          'samples': samples
51      }
52
53      return resp, 200
```

　少し長いコードですが、本質的には、先にノートブックで実行したコードと同じ内容です。まず、12〜15行目で言語モデルからの応答を得る関数 get_response() を定義してあります。そして、19行目からの関数 grammar_correction() で、URLパス /api/correction で受けたリクエストを処理します。はじめに、リクエストの text 要素に入っている英文を取り出します（20〜21行目）。1行のテキストを受け取る前提ですが、複数行のテキストだった場合は、改行コードをスペースに置き換えて、1行のテキストに変換します（23行目）。これを2種類のプロンプトに埋め込んで、先ほどの関数 get_response() を用いて、言語モデルからの応答を得ます。

　1つ目のプロンプト（25〜30行目）は、文法の誤りを訂正してもらうもので、2つ目のプロンプト（33〜45行目）は、より洗練された表現の例を3つ作ってもらうものです。3つの例は、改行コードで区切られた1つのテキストとして得られます。これを分解してPythonのリストに変換することもできますが、ここでは簡単のために1つのテキストのままにしてあります。これらの結果を corrected 要素、および、samples 要素として格納したデータをクライアントに返送します（48〜53行目）。クライアント側では、これらのデータをJSON形式で受け取ります。

　これをローカル環境でテストします。次のコマンドでWebサーバーを起動します。

```
gunicorn --bind localhost:8080 --reload --log-level debug \
  main:app
```

　開発用仮想マシンの新しいコマンド端末から、次のコマンドを実行します。

```
DATA='{"text":"I go to school yesterday. I eat apple lunch. I like eat apple."}'
curl -X POST \
  -H "Content-Type: application/json" \
  -d "$DATA" \
  -s http://localhost:8080/api/correction | jq .
```

　ここでは、変数DATAに用意したデータを「http://localhost:8000/api/correction」宛にPOSTメソッドで送信しています。バックエンドのコードに問題がなければ、次のような結果が得られます。

```
{
  "corrected": "I went to school yesterday. I ate an apple for lunch. I like eating apples.",
  "samples": "- I went to school yesterday. I had an apple for lunch. I like eating apples.\n- ⏎
Yesterday, I went to school. I had an apple for lunch. I really enjoy eating apples.\n- ⏎
Yesterday, I went to school. I had an apple for lunch. Apples are my favorite fruit."
}
```

　バックエンドの動作確認ができたら、Web サーバーは［Ctrl］＋［C］で停止しておきます。また、次のコマンドを実行して、Python の中間コードがキャッシュされたディレクトリを削除しておきます。

```
rm -rf __pycache__
```

　次は、これを Cloud Run にデプロイして、フロントエンドから利用可能なサービスとして公開します。

Cloud Run へのデプロイ

　ここでは、引き続き、$HOME/GrammarCorrection/backend をカレントディレクトリとして作業を進めます。作成するファイルのファイル名は、このディレクトリを起点とするパスで表示します。また、この後、gcloud コマンドで Google Cloud のサービスを操作するので、次のコマンドで、操作対象のプロジェクトと操作するアカウントを確認しておきます。

```
gcloud config list
```

　出力結果に含まれる project（操作対象のプロジェクト ID）と、account（Google Cloud を操作するアカウント）を確認します。account が開発者自身のユーザーアカウントになっていない場合は、「2.5.2　Cloud Build によるコンテナイメージ作成」−「gcloud コマンドの利用準備」の手順に従って、アカウントを切り替えておいてください。

　これらの確認ができたら、コンテナイメージを作成する手順を記した Dockerfile を次の内容で作成します。

Dockerfile

```
1  # Use the official lightweight Python image
2  # https://hub.docker.com/_/python
3  FROM python:3.8-slim
4
5  # Allow statements and log messages to immediately appear in the Knative logs
6  ENV PYTHONUNBUFFERED True
```

```
 7
 8  # Copy local code to the container image
 9  WORKDIR /app
10  COPY . ./
11
12  # Install production dependencies
13  RUN pip install -r requirements.txt
14
15  # Set the number of workers to be equal to the cores available
16  CMD exec gunicorn --bind :$PORT --workers 1 --threads 8 --timeout 0 main:app
```

$HOME/GrammarCorrection/backend以下に用意したコードをコピーして（9〜10行目）、
Pythonのライブラリをインストールした後（13行目）、コンテナ起動時にWebサーバー
（gunicorn）を起動する（16行目）というシンプルな内容です。

　この後、実際にコンテナイメージを作成してCloud Runにデプロイする流れは、「2.5.2
Cloud Buildによるコンテナイメージ作成」と「2.5.3　Cloud Runへのデプロイ」で説明した
とおりです。「2.5.2　Cloud Buildによるコンテナイメージ作成」では、はじめに、コンテナ
イメージを保存するリポジトリを用意しました。ここでは、同じリポジトリを利用するので、
作成済みのリポジトリのパスを環境変数に保存しておきます。

```
REPO=asia-northeast1-docker.pkg.dev/$GOOGLE_CLOUD_PROJECT/container-image-repo
```

　次のコマンドで、コンテナイメージをビルドします。

```
gcloud builds submit . --tag $REPO/grammar-correction-service
```

　次に、このイメージをCloud Runにデプロイしますが、ここでは、バックエンドを実行
するための専用のサービスアカウントを用意します。次のコマンドで、サービスアカウント
llm-app-backendを作成して、このサービスアカウントを特定するメールアドレスを環境変
数SERVICE_ACCOUTに保存しておきます。

```
gcloud iam service-accounts create llm-app-backend
SERVICE_ACCOUNT=llm-app-backend@$GOOGLE_CLOUD_PROJECT.iam.gserviceaccount.com
```

　このバックエンドサービスは、PaLM APIを利用するので、サービスアカウントに対して、
PaLM APIの利用に必要な権限を与えます。次のコマンドで、Vertex AIの各種サービスに
対する利用者のロールを付与します。

```
gcloud projects add-iam-policy-binding $GOOGLE_CLOUD_PROJECT \
  --member serviceAccount:$SERVICE_ACCOUNT \
  --role roles/aiplatform.user
```

　ロールの追加が反映されるまで少し時間がかかることがあるので、1分程度待ってから次の作業に進んでください。次は、先に用意したコンテナイメージとサービスアカウントを用いて、Cloud Run にバックエンドサービスをデプロイします。ここでは、grammar-correction-service というサービス名を指定します。

```
gcloud run deploy grammar-correction-service \
  --image $REPO/grammar-correction-service \
  --service-account $SERVICE_ACCOUNT \
  --region asia-northeast1 --no-allow-unauthenticated
```

　ここでは、最後のオプション --no-allow-unauthenticated に注意してください。「2.5.3 Cloud Run へのデプロイ」でフロントエンドのアプリケーションをデプロイした際は、外部の一般ユーザーが利用できるように、--allow-unauthenticated を指定して、認証なしでのアクセスを許可しました。一方、このバックエンドサービスは、「2.6.1　クライアントコンポーネントとサーバーコンポーネント」の**図2-31**で説明したように、フロントエンドのサーバーコンポーネントからだけ利用を許可します。そこで、--no-allow-unauthenticated を指定して、認証済みのサービスアカウントからだけアクセスを許可します。

　それでは、デプロイしたバックエンドサービスの動作確認を行いましょう。クラウドコンソールのナビゲーションメニューから「Cloud Run」を選択すると、デプロイ済みのサービスが一覧表示されるので、サービス名「grammar-correction-service」をクリックすると、サービスのURLが確認できます（**図3-17**）。

図3-17　Cloud Run にデプロイしたサービスの URL を確認

　もしくは、次の gcloud コマンドで、サービスのURLを表示することもできます。最後の grammar-correction-service の部分に、確認したいサービスの名前を指定してください。

```
gcloud run services list --platform managed \
  --format="table[no-heading](URL)" \
  --filter="metadata.name:grammar-correction-service"
```

　ここでは、次のコマンドを実行して、サービスのURLを環境変数SERVICE_URLに保存しておきます。

```
SERVICE_URL=$(gcloud run services list --platform managed \
  --format="table[no-heading](URL)" \
  --filter="metadata.name:grammar-correction-service")
```

　そして、次のコマンドで、バックエンドサービスにデータを送信します。

```
AUTH_HEADER="Authorization: Bearer $(gcloud auth print-identity-token)"
DATA='{"text":"I go to school yesterday. I eat apple lunch. I like eat apple."}'
curl -X POST \
  -H "$AUTH_HEADER" \
  -H "Content-Type: application/json" \
  -d "$DATA" \
  -s $SERVICE_URL/api/correction | jq .
```

　先に触れたように、このバックエンドは、認証済みのサービスアカウントからだけ利用できます。ここでは、1行目のgcloudコマンドで、開発者自身のユーザーアカウントに対する認証を行って、認証済みのトークンを取得しており、これをリクエストヘッダに付け加えています。ローカル環境でテストしたときと同様に、次のような結果が得られれば、動作確認は成功です。

```
{
  "corrected": "I went to school yesterday. I ate an apple for lunch. I like eating apples.",
  "samples": "- I went to school yesterday. I had an apple for lunch. I like eating apples.\n- ⏎
Yesterday, I went to school. I had an apple for lunch. I really enjoy eating apples.\n- ⏎
Yesterday, I went to school. I had an apple for lunch. Apples are my favorite fruit."
}
```

　もしも期待する結果が得られない場合は、クラウドコンソールで、デプロイしたサービスのログメッセージを確認してください。次は、このバックエンドを利用する、フロントエンドのWebアプリケーションを実装します。

3.2.3　フロントエンドの実装

共通ファイルの準備
　先ほどは、ディレクトリ $HOME/GrammarCorrection/backendにバックエンドのコードを配置しました。対応するフロントエンドのコードは、ディレクトリ $HOME/GrammarCorrection/

src に配置します。このディレクトリを作成して、カレントディレクトリを変更しておきます。

```
mkdir $HOME/GrammarCorrection/src
cd $HOME/GrammarCorrection/src
```

これ以降は、$HOME/GrammarCorrection/src をカレントディレクトリとして作業を進めます。作成するファイルのファイル名は、このディレクトリを起点とするパスで表示します。これから作成するコードと同じものが、「2.2.1　Next.js 開発環境セットアップ」で GitHub リポジトリからクローンしたディレクトリ $HOME/genAI_book/GrammarCorrection/src 以下にも用意されています。この後の作業で使用するので、開発用仮想マシンにこのディレクトリがクローンされていることを確認しておいてください。

「第 2 章　Next.js と Firebase によるフロントエンド開発」では、簡単なサンプルアプリケーションで、Firebase と連携する Web アプリケーションを Next.js で作成する方法を説明しました。このときに作成したファイルの中には、アプリケーションの内容によらず共通に利用できるものがあります。具体的には、**表3-1** のようにまとめられます。これらのファイルは、コピーして再利用することにします。

表3-1　フロントエンドで共通に使用するファイル

ファイル	内容	説明のある場所
package.json	インストール対象のパッケージと Next.js の操作コマンド	2.2.2　静的 Web ページ作成
jsconfig.json	JavaScript コンパイラの設定ファイル	2.2.3　コンポーネントの分割
next.config.js	Next.js の設定ファイル	2.5.1　コンテナイメージ作成準備
Dockerfile	コンテナイメージ作成用の Dockerfile	2.5.1　コンテナイメージ作成準備
.gcloudignore	ビルド環境にコピーしないファイルの指定	2.5.1　コンテナイメージ作成準備
public/favicon.ico	ファビコンの画像ファイル	2.2.2　静的 Web ページ作成
pages/_app.js	グローバル CSS を使用するための設定	2.4.3　グローバル CSS の適用
styles/global.css	グローバル CSS の設定ファイル	2.4.3　グローバル CSS の適用
lib/firebase.js	Firebase の初期設定を行うライブラリ	2.4.1　Firebase の設定ファイル準備
lib/verifyIdToken.js	ID トークンを検証するライブラリ	2.6.2　サーバーコンポーネントでのユーザー認証

第 2 章の内容を実施していない読者のために、ここでは、GitHub リポジトリからクローンしたファイルを利用します。次のコマンドを実行すると、$HOME/genAI_book/GrammarCorrection/src 以下にある**表3-1** のファイルが $HOME/GrammarCorrection/src 以下にコピーされます。また、**表3-1** にないものを含めて、この後で必要になるディレクトリをまとめて作成しています。

```
SRC=$HOME/genAI_book/GrammarCorrection/src
DEST=$HOME/GrammarCorrection/src
mkdir -p $DEST/public $DEST/pages/api \
  $DEST/styles $DEST/lib $DEST/components
FILES="package.json jsconfig.json next.config.js \
  Dockerfile .gcloudignore \
  public/favicon.ico pages/_app.js styles/global.css \
  lib/firebase.js lib/verifyIdToken.js"
for file in $FILES; do cp $SRC/$file $DEST/$file; done
```

Firebaseへのアプリケーション登録

「2.3　Firebaseのセットアップ」では、Google CloudのプロジェクトにFirebaseを追加して、アプリケーションを登録する作業を行いました。ここでは、新しいアプリケーションを作成するので、アプリケーションの登録作業をあらためて行います。「2.3.1　Firebaseへのプロジェクト登録」の作業を未実施の場合は、まずは、そこの手順に従って、Google CloudのプロジェクトをFirebaseに追加しておいてください。

アプリケーションの登録手順は、次のとおりです。ブラウザでFirebaseコンソールのトップ画面（https://console.firebase.google.com）を開いて、使用しているGoogle Cloudプロジェクトをクリックすると、**図3-18**のプロジェクト管理画面が表示されます。［アプリを追加］をクリックすると、「プラットフォームを選択」というメニューが表示されるので、Webアプリケーションの追加ボタン（</> という記号のボタン）をクリックします。

図3-18　プロジェクト管理画面で［アプリを追加］をクリック

アプリケーションの登録画面が表示されるので、「アプリのニックネーム」に任意の名前を入力して、［アプリを登録］をクリックします（**図3-19**）。ここでは、例として「grammar correction application」という名前を設定しています。「このアプリのFirebase Hostingも設定します。」はチェックしません。

図**3-19**　「アプリのニックネーム」を入力して [アプリを登録] をクリック

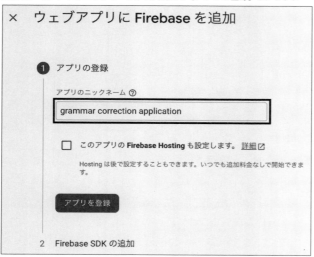

Firebase の構成情報を示した画面が表示されるので、const firebaseConfig = {...}; の部分をコピーして、設定ファイル .firebase.js として保存します。この際、次のように、先頭部分に「export」を追加します。

.firebase.js

```
export const firebaseConfig = {
  apiKey: "AIzaSyC41y0GTf8mXMDcCrmDtJDsBgFjku0u3uo",
  authDomain: "cloud-genai-app.firebaseapp.com",
  projectId: "cloud-genai-app",
  storageBucket: "cloud-genai-app.appspot.com",
  messagingSenderId: "1016258363029",
  appId: "1:1016258363029:web:4f55c637bdaa61312a659c"
};
```

[コンソールに進む] をクリックすると、プロジェクト管理画面に戻ります。これでアプリケーションの登録が完了しました。なお、「2.3.3　ユーザー認証機能の設定」では、Google アカウントによる認証機能を追加しましたが、この設定はプロジェクト全体に適用されるので、アプリケーションごとに設定する必要はありません。この作業を未実施の場合は、この段階で実施しておいてください。

フロントエンド UI の作成

ここでは、フロントエンドのメインとなる UI コンポーネントを作成します。画面イメージは、図**3-20** のようになります。テキストエリアに英文を入力して、[Correct me!] をクリッ

クすると、バックエンドから得られた回答をその下に表示します。「Grammar correction」は、文法を訂正した英文で、「Model sentences」は、より洗練された英文の3つの例です。

図3-20 「英文添削アプリ」の画面イメージ

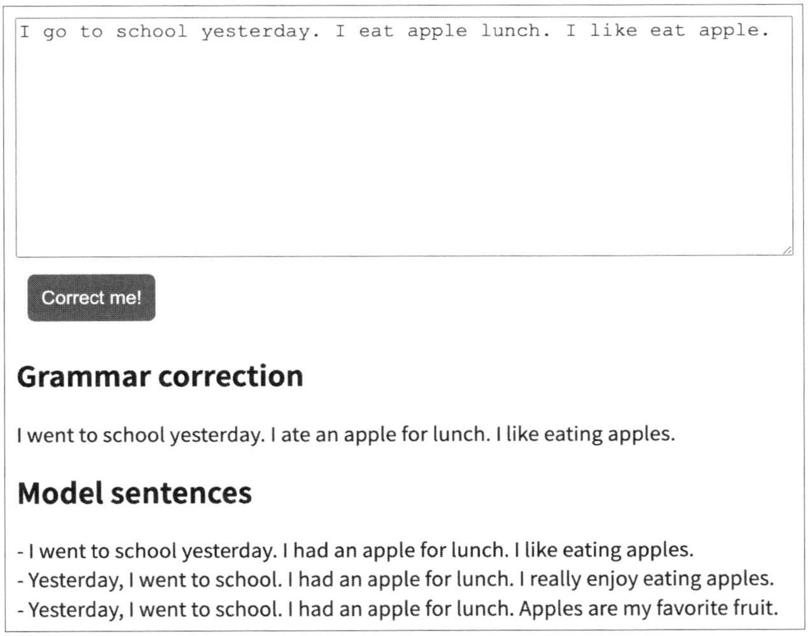

この画面構成は、「2.6.2 サーバーコンポーネントでのユーザー認証」でサンプルとして実装した「文字数カウントサービス」とほとんど同じです。**図2-32**と見比べるとわかるように、テキストエリアにデータを入力してボタンを押すとバックエンドからの回答が表示されるという仕組みはまったく同じです。そのため、文字数カウントサービスのコンポーネント（components/WordCount.js）とほぼ同じコードで実装できます。具体的には、ファイルcomponents/GrammarCorrection.jsを次の内容で用意します。

components/GrammarCorrection.js

```
1  import { useState } from "react";
2  import { auth } from "lib/firebase";
3
4  export default function GrammarCorrection() {
5
6    const initialText = "I go to school yesterday. I eat apple lunch. I like eat apple.";
7    const [text, setText] = useState(initialText);
8    const [answer, setAnswer] = useState({corrected: " ", samples: "-\n-\n-"});
9    const [buttonDisabled, setButtonDisabled] = useState(false);
```

```
10
11    const getAnswer = async () => {
12      const callBackend = async () => {
13        // Join multiple lines into a single line.
14        const inputText = text.replace(/\r?\n/g, " ");
15        const apiEndpoint = "/api/correction";
16
17        const token = await auth.currentUser.getIdToken();
18        const request = {
19          method: "POST",
20          headers: {
21            "Content-Type": "application/json",
22          },
23          body: JSON.stringify({
24            token: token,
25            text: inputText,
26          })
27        };
28
29        const response = await fetch(apiEndpoint, request);
30        const data = await response.json();
31        return data;
32      };
33
34      setButtonDisabled(true);
35      const data = await callBackend();
36      setAnswer({corrected: data.corrected, samples: data.samples});
37      setButtonDisabled(false);
38    }
39
40    const textAreaStyle = {
41      fontSize: "1.05rem", width: "640px", height: "200px"
42    };
43    const answerStyle = {
44      fontSize: "1.05rem", whiteSpace: "pre-wrap"
45    };
46    const element = (
47      <>
48        <textarea
49          style={textAreaStyle}
50          value={text}
51          onChange={(event) => setText(event.target.value)} />
52        <br/>
53        <button
54          disabled={buttonDisabled}
55          onClick={getAnswer}>Correct me!</button>
56        <h2>Grammar correction</h2>
57        <div style={answerStyle}>{answer.corrected}</div>
```

```
58       <h2>Model sentences</h2>
59       <div style={answerStyle}>{answer.samples}</div>
60    </>
61   );
62
63   return element;
64 }
```

コード全体の構成は、文字数カウントサービスのコンポーネントと同じです。8行目で定義したState変数answerに、バックエンドからの応答を格納して画面に表示します。このState変数は、JavaScriptのディクショナリとして定義されており、corrected要素に文法を訂正した英文のテキスト、samples要素に3つの例文を並べたテキストが入ります。samples要素には、改行コードで区切られた3つの例文が1つのテキストとして格納されているので、画面に表示する際は、改行をそのまま表示する必要があります。44行目のスタイル指定「whiteSpace: "pre-wrap"」はそのためのものです。

また、11～38行目の関数getAnswer()では、この後サーバーコンポーネントとして実装するREST APIサービスに、IDトークンと英文のテキストを送信してバックエンドからの応答をState変数answerに格納します。「2.6.1　クライアントコンポーネントとサーバーコンポーネント」の**図2-31**で説明したように、サーバーコンポーネントが、さらに、先ほど実装したバックエンドを呼び出す構成です。23～26行目でサーバーコンポーネントに送信するデータをJSON形式で用意しており、token要素にIDトークン、text要素に英文のテキストが入ります。

次に、このコンポーネントを組み込んで、実際に画面に表示するページを作成します。こちらも、文字数カウントサービスのコード（pages/wordCount.js）の内容が再利用できます。具体的には、ファイルpages/index.jsを次の内容で用意します。

pages/index.js

```
1  import Head from "next/head";
2  import { useState, useEffect } from "react";
3  import { auth, signInWithGoogle } from "lib/firebase";
4  import { signOut } from "firebase/auth";
5  import GrammarCorrection from "components/GrammarCorrection";
6
7  export default function GrammarCorrectionPage() {
8    const [loginUser, setLoginUser] = useState(null);
9
10   // Register login state change handler
11   useEffect(() => {
12     const unsubscribe = auth.onAuthStateChanged((user) => {
13       setLoginUser(user);
14     });
```

```
15      return unsubscribe;
16    }, []);
17
18    let element;
19
20    if (loginUser) {
21      element = (
22        <>
23          <GrammarCorrection />
24          <br/>
25          <button onClick={() => signOut(auth)}>Logout</button>
26        </>
27      );
28    } else {
29      element = (
30        <>
31          <button onClick={signInWithGoogle}>
32            Sign in with Google
33          </button>
34        </>
35      );
36    }
37
38    return (
39      <>
40        <Head>
41          <title>Grammar Correction Service</title>
42          <link rel="icon" href="/favicon.ico" />
43        </Head>
44        {element}
45      </>
46    );
47  }
```

　ここでは、Google アカウントによるログイン機能を組み込んでおり、未ログイン状態のユーザーにはログインボタンだけを表示して、ログイン済みのユーザーには**図 3-20** の画面とログアウトボタンを表示します。

サーバーコンポーネントの作成

　ここでは、Cloud Run にデプロイしたバックエンドサービスを呼び出すサーバーコンポーネントを実装します。先に説明したように、クライアントコンポーネントが送信する JSON 形式のデータは、token 要素に ID トークン、text 要素に英文のテキストが入っています。この ID トークンは、Firebase の機能で発行したものなので、サーバーコンポーネント側では、Firebase の管理 SDK を用いて検証します。これを実装したのが、先にコピーしておい

た lib/verifyIdToken.js でした。

　ID トークンが検証できたら、text 要素として受け取った英文テキストを再度、バックエンドサービスに送信して、得られた結果をそのままフロントエンドコンポーネントに返送します。この際、「3.2.2　バックエンドの実装」で説明したように、Cloud Run にデプロイしたバックエンドサービスは、認証済みのサービスアカウントからだけ利用できます。ここでいう認証は、Firebase の機能による認証ではなく、Google Cloud としての認証なので、Google が提供する認証ライブラリ（google-auth-library）を利用して処理します。

　「2.6.1　クライアントコンポーネントとサーバーコンポーネント」の**図 2-31** にあるように、サーバーコンポーネントは、Cloud Run のサービスとして稼働します。そこで、このサービスに割り当てるサービスアカウントに対して、同じプロジェクト内の他の Cloud Run のサービスを呼び出す権限を与えておきます。認証ライブラリは、このサービスアカウントを証明するトークンを発行して、バックエンドサービスに送信するリクエストにこれを付与します。バックエンドサービス側では、このトークンに該当するサービスアカウントが必要な権限を持っていることを確認してからリクエストを処理します。

　言葉で説明すると複雑ですが、これらの処理は、Google Cloud の内部で自動的に行われます。コードとして必要なのは、認証ライブラリが提供する関数を利用してリクエストを送信することだけです。具体的なコードは、次のようになります。ファイル pages/api/correction.js を次の内容で作成します。

pages/api/correction.js

```
 1  import { verifyIdToken } from "lib/verifyIdToken";
 2  import { GoogleAuth } from "google-auth-library";
 3
 4  export default async function handler(req, res) {
 5    // Client verification
 6    const decodedToken = await verifyIdToken(req);
 7    if (! decodedToken) {
 8      res.status(401).end();
 9      return;
10    }
11
12    const endpoint = process.env.GRAMMAR_CORRECTION_API;
13    const auth = new GoogleAuth();
14    const client = await auth.getIdTokenClient(endpoint);
15    const request = {
16      url: endpoint,
17      method: "POST",
18      headers: {
19        "Content-Type": "application/json",
20      },
21      data: {
22        text: req.body.text,
```

```
23       },
24     };
25
26     const response = await client.request(request);
27     const data = response.data;
28
29     res.status(200).json(data);
30   }
```

　6〜10行目でクライアントコンポーネントから受け取ったIDトークンを検証して、その後、バックエンドサービスへのリクエストを送信します。13〜14行目で認証ライブラリ（google-auth-library）が提供する関数を利用して、リクエストを送信するためのクライアントオブジェクトを取得しています。26行目にあるように、このクライアントを用いてリクエストを送信すると、前述のサービスアカウントを用いた認証処理が自動的に行われます。

　バックエンドサービスに送信するリクエストの内容は、15〜24行目で構成しています。21〜23行目が実際に送信するデータの中身で、ここでは、クライアントコンポーネントが送信した英文テキスト（text要素）をそのままの形でバックエンドサービスに送信します。そして、バックエンドサービスから得られた応答をそのままの形で、クライアントコンポーネントに返送します（27〜29行目）。つまり、このサーバーコンポーネントは、クライアントコンポーネントからのリクエストをバックエンドサービスに中継するAPIゲートウェイとして機能しており、クライアントコンポーネントから見れば、バックエンドサービスを直接呼び出したかのような応答が得られます。

　リクエストの送信先となるバックエンドサービスのURLは、16行目で設定しますが、その具体的な値は、12行目で環境変数GRAMMAR_CORRECTION_APIから取得しています。Next.jsは、環境変数にセットする値を別のファイルで指定する仕組みがあるので、これを利用します。具体的には、ファイル.env.localを次の内容で作成します。xxxxxxの部分は環境によって変わるので、「3.2.2　バックエンドの実装」−「Cloud Runへのデプロイ」の**図3-17**で確認したURLの値を入れてください。

.env.local

```
GRAMMAR_CORRECTION_API="https://grammar-correction-service-xxxxxx-an.a.run.app/api/correction"
```

　Next.jsのアプリケーションは、起動時にこのファイルの内容を読み取って、環境変数の値を自動的に設定します。ファイル.envでも同じ効果が得られますが、一般に、環境に依存する値は.env.localで設定して、環境に依存しない値は.envで設定するという使い分けを行います。

　これで、フロントエンドに必要なファイルがすべてそろいました。Cloud Runにデプロイする前に、開発用仮想マシンのローカル環境でテストしておきましょう。まず、次のコマン

ドで必要なライブラリのパッケージをインストールします。

```
npm install
npm install firebase firebase-admin google-auth-library
```

　1つ目のコマンドでは、ファイルpackage.jsonで事前に指定されたパッケージをインストールして、2つ目のコマンドでは、Firebaseのクライアントライブラリ（firebase）と管理SDKライブラリ（firebase-admin）、そして、Googleの認証ライブラリ（google-auth-library）を追加でインストールしています。インストールが完了したら、次のコマンドで開発用Webサーバーを起動します。

```
npm run dev
```

　この後、ブラウザから、URL「http://JKL.GHI.DEF.ABC.bc.googleusercontent.com:3000」にアクセスすると、**図3-20**のアプリケーションが利用できます。「2.2.2　静的Webページ作成」で説明したように、「JKL.GHI.DEF.ABC」の部分は、開発用仮想マシンのVMインスタンスの外部IPアドレス「ABC.DEF.GHI.JKL」を逆順に並べたものです。動作確認ができたら、［Ctrl］＋［C］で開発用Webサーバーを停止しておきます。

Cloud Runへのデプロイ

　ここでは、完成したアプリケーションをコンテナイメージにして、Cloud Runのサービスとしてデプロイします。バックエンドサービスと同様に、「2.5.2　Cloud Buildによるコンテナイメージ作成」で用意したリポジトリにコンテナイメージを保存するので、作成済みのリポジトリのパスを環境変数に保存しておきます。

```
REPO=asia-northeast1-docker.pkg.dev/$GOOGLE_CLOUD_PROJECT/container-image-repo
```

　そして、次のコマンドで、コンテナイメージをビルドします。

```
gcloud builds submit . --tag $REPO/grammar-correction-app
```

　続いて、Cloud Runにデプロイする際に使用するサービスアカウントを用意します。次のコマンドで、サービスアカウントllm-app-frontendを作成して、このサービスアカウントを特定するメールアドレスを環境変数SERVICE_ACCOUNTに保存しておきます。

```
gcloud iam service-accounts create llm-app-frontend
SERVICE_ACCOUNT=llm-app-frontend@$GOOGLE_CLOUD_PROJECT.iam.gserviceaccount.com
```

　次のコマンドで、このサービスアカウントに対して、Firebase の管理者権限、および、他の Cloud Run のサービスを呼び出す権限を持ったロールを付与します。

```
gcloud projects add-iam-policy-binding $GOOGLE_CLOUD_PROJECT \
  --member serviceAccount:$SERVICE_ACCOUNT \
  --role roles/firebase.sdkAdminServiceAgent

gcloud projects add-iam-policy-binding $GOOGLE_CLOUD_PROJECT \
  --member serviceAccount:$SERVICE_ACCOUNT \
  --role roles/run.invoker
```

　ロールの追加が反映されるまで少し時間がかかることがあるので、1 分程度待ってから次の作業に進んでください。ここまでの準備ができたら、次のコマンドで Cloud Run のサービスとしてデプロイします。

```
gcloud run deploy grammar-correction-app \
  --image $REPO/grammar-correction-app \
  --service-account $SERVICE_ACCOUNT \
  --region asia-northeast1 --allow-unauthenticated
```

　デプロイが完了すると、「https://grammar-correction-app-xxxxxx-an.a.run.app」という形式の URL がサービスに割り当てられて、コマンドの出力に表示されます。「3.2.2　バックエンドの実装」−「Cloud Run へのデプロイ」の**図3-17**のように、クラウドコンソールの Cloud Run の管理画面からも確認できます。

　最後に、Firebase のログイン認証機能を利用するために、この URL のドメインを承認済みドメインに追加しておきます。Firebase コンソールのトップ画面（https://console.firebase.google.com）を開くと、プロジェクトの一覧が表示されるので、今回使用しているプロジェクトをクリックして、プロジェクトの管理画面を開きます。左のメニューから「構築」→「Authentication」を選択して、［設定］タブの「承認済みドメイン」をクリックします。［ドメインの追加］をクリックして、このサービスの URL の FQDN「grammar-correction-app-xxxxxx-an.a.run.app」を入力して［追加］をクリックします。この後、ブラウザからこの URL にアクセスすると、アプリケーションが利用できます。

3.3 ファッションを褒めるチャットボット風アプリの作成

3.3.1 Visual Captioning／Visual Q&Aの使い方

　ここまで、PaLM APIを利用して、日本語で書かれた文書の要約と分類、そして、英文の修正といった処理を行ってきました。PaLM APIが提供する言語モデルの性能を活かせば、このほかにもテキストデータを扱うアプリケーションのアイデアはさまざま考えられるでしょう。ただし、PaLM APIは言語モデルを提供するサービスですので、当然ながら、テキストデータ以外は処理できません。画像データを扱うアプリケーションを作るには、どのような方法があるのでしょうか？

　Google Cloudには、画像データに含まれる情報をテキストデータとして取り出すサービスがあります。これをPaLM APIと組み合わせることで、画像データを対象とするアプリケーションが作成できます。本節では、一例として「ファッションを褒めるチャットボット風アプリ」を作っていきますが、ここではまず、Vertex AI Studioを利用して、Visual CaptioningとVisual Q&A（Question Answering）の2種類のサービスの機能を確認しておきます。

　クラウドコンソールのナビゲーションメニューから「Vertex AI」→「Vertex AI Studio：ビジョン」を選択すると、**図3-21**の画面が表示されます。画面の下部にある［CAPTION］と［VISUAL Q&A］のボタンで、Visual CaptioningとVisual Q&Aが選択できます。デフォルトでは、Visual Captioningが選択されています。

図**3-21** Vertex AI Studio で Visual Captioning と Visual Q&A を利用

Visual Captioning は、画像に写っている内容をテキスト文書として表現する機能を提供します。一例として、下記の URL にある画像を試してみましょう。

- https://github.com/google-cloud-japan/sa-ml-workshop/blob/main/genAI_book/images/foods.png

ブラウザでこの URL にアクセスすると、GitHub のリポジトリに保存された、**図3-22** の画像が表示されます。右上のダウンロードボタンをクリックして、ローカルに保存します。

図3-22　ダウンロードボタンをクリックして画像を保存

次に、**図3-21**の［UPLOAD IMAGE］をクリックして、ローカルに保存した先ほどのファイルをアップロードします。さらに画面の右にある「Number of captions」のスライダーを「3」に設定して、［字幕を生成］をクリックします。すると、**図3-23**のような3種類のテキストが表示されます。「a basket filled with fruits and vegetables sits on table（テーブルに置かれた、果物と野菜が詰まったバスケット）」などの文章が生成されています。

図3-23　Visual Captioningで生成したテキストの例

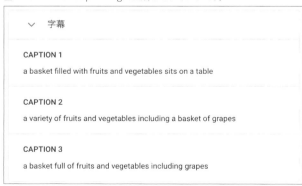

画像から情報を抽出した後に、その内容を文章として表現する部分に言語モデルが使用されており、言語モデルの特性上、実行ごとに異なる結果が得られる可能性があります。そのため、「Number of captions」の指定により、最大3つのテキストを同時に生成できるようになっています。

　続いて、Visual Q&Aを試してみましょう。Visual Captioningでは、画像全体の様子をまとめたテキストが生成されましたが、Visual Q&Aでは、どのような情報を取り出したいのかを具体的に指示できます。［VISUAL Q&A］をクリックすると、「ここに質問を入力してください。」というテキストボックスが表示されます。この部分に、画像から取り出したい情報を記述します。たとえば、「names of fruits in the picture.」と入力して［生成］をクリックすると、**図3-24**のような結果が得られます。3つの結果ごとに内容が異なりますが、今の場合、最初のテキストに最も多くの情報が含まれています。アプリケーションの一部として使用する場合は、3つの結果をさらに1つにまとめたり、3つの中で最も情報量が多いものを選択するといった工夫が考えられるでしょう。これと同様に「names of vegetables in the picture.」と入力して、野菜の名前だけを取り出すこともできます。

図3-24　Visual Q&Aで果物の名前を抽出した例

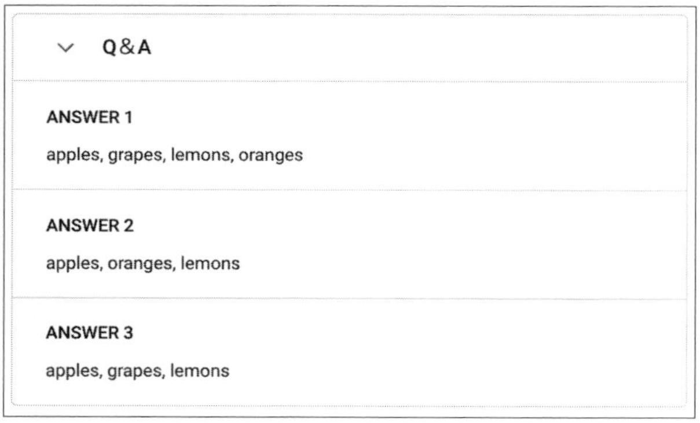

　Visual Captioning と Visual Q&A の基本的な機能がわかったので、本来の目的である「AIにファッションを褒めてもらうアプリ」への応用を考えてみましょう。これらの機能を利用すれば、人物が写った写真から、その写真全体の様子に加えて、写真に含まれる具体的なファッションアイテムが取り出せます。PaLM APIに、これらの情報をもとにして、その人物のファッションを褒める文章を考えるように指示すれば、目的が達成できそうです。

　なお、Visual Captioning と Visual Q&A は、本書執筆時点では日本語での出力に未対応のため、出力はすべて英語になりますが、PaLM APIは、英語の情報をもとに日本語のテキストを生成することができます。たとえば、「3.1.1　Vertex AI Studio で PaLM API を体験」では、量子コンピューティングに関する英文を日本語で要約することができました。今回の場合も、PaLM APIに対して日本語で指示を与えれば、日本語での回答が得られると期待できます。次は、ノートブックを利用して、これが実際にうまくいくかを試してみましょう。

3.3.2　ノートブックでのプロトタイピング

　はじめに、Python SDKを用いてPythonのコードからVisual CaptioningとVisual Q&A
を利用する手順をノートブック上で確認します。ここで実行するものと同じ内容のノート
ブックが、本書のGitHubリポジトリにも用意してありますので、必要に応じて参考にして
ください注34。GitHubのWebサイト上で、フォルダー「genAI_book/Notebooks」内の「Fashion
Compliment.ipynb」を選択すると、ノートブックの内容が確認できます。

　「3.1.2　Python SDKによるPaLM APIの利用」-「Vertex AI Workbenchの環境準備」に
示した手順で新しいノートブックを開いたら、次のコードを実行して、テスト用の画像ファ
イルをダウンロードします。

```
1  base_url = 'https://raw.githubusercontent.com/google-cloud-japan/sa-ml-workshop/main'
2  !wget -q -O image.png $base_url/genAI_book/images/profile.png
3
4  from IPython.display import Image as display_image
5  display_image(filename='image.png', width=200)
```

　4~5行目は、ノートブックに固有の機能で、ダウンロードしたファイルをノートブック
の画面上に表示します。ここでは、本書の著者のプロフィール写真が表示されます。そして、
Visual Captioningの機能を利用するコードは、次になります。

```
1  import vertexai
2  vertexai.init(location='asia-northeast1')
3
4  from vertexai.vision_models import ImageCaptioningModel
5  image_captioning_model = ImageCaptioningModel.from_pretrained('imagetext@001')
6
7  def get_image_description(image):
8      results = image_captioning_model.get_captions(
9          image=image, number_of_results=3)
10     results.sort(key=len)
11     return results[-1]
```

　4~5行目で、Visual Captioningを利用するためのモジュールImageCaptioningModelをイ
ンポートして、クライアントオブジェクトを取得しています。7~11行目では、画像データ
を受け取って、Visual Captioningで得られたテキストを返す関数get_image_description()
を定義しています。実際にVisual CaptioningのAPIを呼び出すのは8~9行目で、ここでは、

注34　https://github.com/google-cloud-japan/sa-ml-workshop

画像データ（オプション image）と生成するテキストの数（オプション number_of_results）を指定して、対応するテキストを取得します。変数 results には、3 種類のテキストを格納したリストが得られます。なるべく情報量が多いテキストを利用したいので、10〜11 行目では、最も長いテキストを選んで返しています。

　この関数に与える画像データ image は、ローカルに保存した画像ファイルを専用のモジュールで読み込んだものになります。具体的には、次のように利用します。

```
1  from vertexai.vision_models import Image
2  image = Image.load_from_file('image.png')
3
4  print(get_image_description(image))
```

1〜2 行目で、先ほどローカルに保存したファイル image.png を読み込んで、4 行目で関数 get_image_description() に受け渡して、結果を表示します。次のような結果が得られました。

```
a man wearing glasses and a blue sweater is giving a speech .
```

続いて、Visual Q&A の機能を利用するコードは、次になります。

```
1   from vertexai.vision_models import ImageQnAModel
2   image_qna_model = ImageQnAModel.from_pretrained('imagetext@001')
3
4   def get_fashion_items(image):
5       results = image_qna_model.ask_question(
6           image=image,
7           question='details of the fashion items in the picture.',
8           number_of_results=3)
9       results.sort(key=len)
10      return results[-1]
```

1〜2 行目で、Visual Q&A を利用するためのモジュール ImageQnAModel をインポートして、クライアントオブジェクトを取得しています。4〜10 行目では、画像データを受け取って、Visual Q&A で得られたテキストを返す関数 get_fashion_items() を定義しています。実際に Visual Captioning の API を呼び出すのは 5〜8 行目で、ここでは、画像データ（オプション image）と取り出したい情報の指示（オプション question）、および、生成するテキストの数（オプション number_of_results）を指定して、対応するテキストを取得します。変数 results には、3 種類のテキストを格納したリストが得られるので、最も長いテキストを

選んで返しています[注35]。

　ここで、オプションquestionに与えた「details of the fashion items in the picture. (写真内のファッションアイテムの詳細)」という指示に注意してください。はじめに「the fashion items in the picture.」という指示を試したところ、あまり正確な情報が得られなかったため、頭に「details of」という言葉を付け加えています。言語モデルを扱う際は、このような試行錯誤が必要になることからも、ノートブックでのプロトタイピングが重要になります。

　先ほどの画像データに対する結果を確認します。

```
print(get_fashion_items(image))
```

　ここでは、次の結果が得られました。

```
sweater, glasses
```

　これで、画像から情報を取り出すことができたので、PaLM APIを使って、これらから「ファッションを褒める文章」を生成するよう言語モデルに指示を出します。ここでも、具体的な指示の出し方、すなわち、言語モデルに入力するプロンプトの内容については、試行錯誤が必要です。最終的には、次の内容に落ち着きました。

```
ファッションアドバイザーの立場で、以下の様に記述される人物を褒め称える文章を作ってください。
ファッションアイテムに言及しながら、その人物に語りかける様に、数行の文章を作ってください。
個人を特定する名前は使用しないでください。

記述：{}

ファッションアイテム：{}
```

　「記述：」の後ろの{}には、関数get_image_description()で得られたテキスト、そして、「ファッションアイテム：」の後ろの{}には、関数get_fashion_items()で得られたテキストを挿入します。この後、画像をアップロードすると応答が表示されるチャットボット風のアプリを作るので、対話の雰囲気が出るよう、「その人物に語りかける様に、数行の文章」という指示を加えています。

　また、Visual Captioningに有名なアーティストの画像などを入力すると、その人物を特定する個人名を含んだテキストが返ることがあります。これも試行錯誤の中で発見したことですが、PaLM APIの言語モデルは、その情報を利用して個人名を含む文章を生成すること

注35　**図3-24**の結果からわかるように、それぞれのテキストにはカンマ区切りで単語が並んでいるので、3つのテキストに含まれる単語をすべてまとめる方法も考えられます。

があります。個人名は表示させたくないので、最後に「個人を特定する名前は使用しないで
ください。」という指示を追加しています。

　このプロンプトを用いて、実際にPaLM APIでテキストを生成するコードは次のように
なります。

```
1  from vertexai.language_models import TextGenerationModel
2  generation_model = TextGenerationModel.from_pretrained('text-bison@002')
3
4  def get_compliment_message(image):
5      prompt = '''\
6  ファッションアドバイザーの立場で、以下の様に記述される人物を褒め称える文章を作ってください。
7  ファッションアイテムに言及しながら、その人物に語りかける様に、数行の文章を作ってください。
8  個人を特定する名前は使用しないでください。
9
10 記述：{}
11
12 ファッションアイテム：{}
13 '''
14      description = get_image_description(image)
15      items = get_fashion_items(image)
16      response = generation_model.predict(
17          prompt.format(description, items),
18          temperature=0.2, max_output_tokens=1024)
19      return response.text.lstrip()
```

　1〜2行目は、PaLM APIのモジュールをインポートして、クライアントオブジェクトを
生成しています。4〜19行目の関数`get_compliment_message()`は、画像データを受け取って、
Visual Captioning と Visual Q&A による情報の取得（14〜15行目）、そして、先ほどのプロ
ンプトによるPaLM APIでのテキスト生成（16〜18行目）という一連の処理をまとめて行い
ます。それでは、これまでと同じテスト画像で結果を確認してみましょう。

```
print(get_compliment_message(image))
```

　ここでは、次のような結果になりました。

> あなたのブルーのセーターは、あなたの知的な雰囲気を際立たせています。また、眼鏡はあなたのプロフェッ
> ショナルなイメージを強調しています。あなたのファッションセンスは、あなたの成功に貢献していることは
> 間違いありません。

　プロンプトの指示どおりに、画像内のファッションアイテムに言及しながら、語りかけ
る口調の短いメッセージが得られました。想定どおり、チャットボット風のアプリケーショ

ンに利用できそうです。GitHubで公開しているノートブックには、その他の画像で試した例もあるので、そちらも参照してください。

3.3.3 Webアプリケーションの実装

バックエンドの実装

ノートブックで確認した内容をWebアプリケーションとして実装する流れは、「3.2 英文添削アプリの作成」とほぼ同じです。「3.2.2 バックエンドの実装」－「開発用仮想マシンの設定」で行った、VMインスタンスの設定変更をまだ行っていない場合は、ここで行っておいてください。

ここからの作業は、すべて、開発用仮想マシンのコマンド端末から行います。バックエンドのコードは、ディレクトリ $HOME/FashionCompliment/backend 以下に配置します。また、これから作成するコードと同じものが、「2.2.1 Next.js開発環境セットアップ」でGitHubリポジトリからクローンしたディレクトリ $HOME/genAI_book/FashionCompliment/backend 以下にも用意されています。

まずは、次のコマンドで、このディレクトリを作成して、カレントディレクトリに設定します。

```
mkdir -p $HOME/FashionCompliment/backend
cd $HOME/FashionCompliment/backend
```

これ以降は、$HOME/FashionCompliment/backendをカレントディレクトリとして作業を進めます。作成するファイルのファイル名は、このディレクトリを起点とするパスで表示します。作成するファイルは、使用するライブラリを記述したrequirements.txt、Flaskで実装したバックエンド本体main.py、そして、コンテナイメージの作成に使用するDockerfileです。

requirements.txtとDockerfileは、英文添削アプリと同じで、それぞれ、次の内容で作成します。

requirements.txt

```
1  Flask==2.3.2
2  gunicorn==21.2.0
3  google-cloud-aiplatform==1.36.1
```

Dockerfile

```
1  # Use the official lightweight Python image
2  # https://hub.docker.com/_/python
3  FROM python:3.8-slim
4
```

```
 5  # Allow statements and log messages to immediately appear in the Knative logs
 6  ENV PYTHONUNBUFFERED True
 7
 8  # Copy local code to the container image
 9  WORKDIR /app
10  COPY . ./
11
12  # Install production dependencies
13  RUN pip install -r requirements.txt
14
15  # Set the number of workers to be equal to the cores available
16  CMD exec gunicorn --bind :$PORT --workers 1 --threads 8 --timeout 0 main:app
```

　続いて、バックエンド本体となるmain.pyは、前半と後半に分けて説明します。ファイル
を作成する際は、前半と後半をつなげて、1つのファイルとして作成してください。前半のコー
ドは次になります。

main.py（前半）

```
 1  import base64
 2  import json
 3  import os
 4  import vertexai
 5  from flask import Flask, request
 6  from vertexai.language_models import TextGenerationModel
 7  from vertexai.vision_models import Image
 8  from vertexai.vision_models import ImageCaptioningModel
 9  from vertexai.vision_models import ImageQnAModel
10
11  vertexai.init(location='asia-northeast1')
12  generation_model = TextGenerationModel.from_pretrained('text-bison@002')
13  image_captioning_model = ImageCaptioningModel.from_pretrained('imagetext@001')
14  image_qna_model = ImageQnAModel.from_pretrained('imagetext@001')
15
16  app = Flask(__name__)
17
18
19  def get_image_description(image):
20      try:
21          results = image_captioning_model.get_captions(
22              image=image, number_of_results=3)
23          results.sort(key=len)
24          return results[-1]
25      except:
26          return None
27
28
```

```
29  def get_fashion_items(image):
30      try:
31          results = image_qna_model.ask_question(
32              image=image,
33              question='details of the fashion items in the picture.',
34              number_of_results=3)
35          results.sort(key=len)
36          return results[-1]
37      except:
38          return None
39
40
```

1～9行目で必要なモジュールをインポートした後、12～14行目で、PaLM API、Visual Captioning、Visual Q&Aのそれぞれを利用するためのクライアントオブジェクトを取得しています。7行目でインポートしているモジュールImageは、画像データをVisual Captioning、Visual Q&Aに対応した形式で読み込むために使います。19～26行目の関数 get_image_description()と29～38行目の関数 get_fashion_items()は、本質的には、先にノートブックで実装したものと同じですが、APIコールに対する例外処理を加えている点が異なります。Visual CaptioningとVisual Q&AのAPIには、セーフティフィルターと呼ばれる機能が実装されており、不適切な内容、もしくは、適切な処理が不可能と判断した画像に対しては処理を拒否して、エラーを返すようになっています。そこで、APIコールでエラーが発生した場合は、Noneを返すように実装してあります。

そして、後半のコードは次になります。

main.py（後半）

```
41  def get_compliment_message(image):
42      prompt = '''\
43  ファッションアドバイザーの立場で、以下の様に記述される人物を褒め称える文章を作ってください。
44  ファッションアイテムに言及しながら、その人物に語りかける様に、数行の文章を作ってください。
45  個人を特定する名前は使用しないでください。
46
47  記述：{}
48
49  ファッションアイテム：{}
50  '''
51      description = get_image_description(image)
52      items = get_fashion_items(image)
53
54      if description is None or items is None:
55          return '他の画像をアップロードしてください。'
56
57      response = generation_model.predict(
```

```
58            prompt.format(description, items),
59            temperature=0.2, max_output_tokens=1024)
60        return response.text.lstrip()
61
62
63    @app.route('/api/compliment', methods=['POST'])
64    def fashion_compliment():
65        json_data = request.get_json()
66        image_base64 = json_data['image']
67        image = Image(base64.b64decode(image_base64))
68        message = get_compliment_message(image)
69        resp = {'message': message}
70
71        return resp, 200
```

　41〜60行目の関数get_compliment_message()も本質的には、ノートブックで実装したものと同じですが、先ほどの例外処理への対応を加えてあります。関数get_image_description()、もしくは、関数get_fashion_items()がNoneを返した場合は、PaLM APIによるテキスト生成は行わず、「他の画像をアップロードしてください。」という定型メッセージを返します。

　そして、64〜71行目がREST APIの実装部分です。クライアントがURLパス/api/complimentにPOSTメソッドで送信した画像データを受け取って、関数get_compliment_message()を実行します。クライアントは、JSONの文字列でデータを送信する必要があるので、ここでは、Base64形式で文字列にエンコードした画像データがimage要素に入っているという前提で処理しています。65〜67行目では、image要素から取り出したデータをデコードして、さらに、Visual Captioning、Visual Q&Aに対応した形式で読み込みます。その後、68〜71行目で、関数get_compliment_message()で得られた結果をmessage要素に格納して、クライアントに返送します。

　それでは、ここまでの実装内容をローカル環境でテストしてみます。次のコマンドでWebサーバーを起動します。

```
gunicorn --bind localhost:8080 --reload --log-level debug \
  main:app
```

　テスト用の画像ファイルは、GitHubのリポジトリをクローンしたディレクトリに入っている $HOME/genAI_book/images/profile.png を使用します。開発用仮想マシンの新しいコマンド端末から、次のコマンドを実行します。

```
IMAGE_BASE64=$(base64 -w0 $HOME/genAI_book/images/profile.png)
DATA='{"image":"'$IMAGE_BASE64'"}'
```

```
curl -X POST \
  -H "Content-Type: application/json" \
  -d "$DATA" \
  -s http://localhost:8080/api/compliment | jq .
```

　ここでは、画像ファイルをBase64形式にエンコードしたものを変数IMAGE_BASE64に格納した後、さらに、JSON形式にしたものを変数DATAに格納しています。これを「http://localhost:8000/api/correction」宛にPOSTメソッドで送信します。バックエンドのコードに問題がなければ、次のような結果が得られます。

```
{
  "message": "あなたのブルーのセーターは、あなたの知的な雰囲気を際立たせています。また、眼鏡はあな
たのプロフェッショナルなイメージを強調しています。あなたのファッションセンスは、あなたの成功に貢献
していることは間違いありません。"
}
```

　ローカルでの動作確認ができたら、Webサーバーは［Ctrl］+［C］で停止しておき、Cloud Runのサービスとしてデプロイします。「2.5.2　Cloud Buildによるコンテナイメージ作成」–「コンテナイメージの作成」で作成したコンテナイメージのリポジトリを指定して、Cloud Buildでコンテナイメージをビルドします。

```
REPO=asia-northeast1-docker.pkg.dev/$GOOGLE_CLOUD_PROJECT/container-image-repo
gcloud builds submit . --tag $REPO/fashion-compliment-service
```

　ビルドしたイメージをCloud Runのサービスとしてデプロイするときは、サービスアカウントの指定が必要でした。ここでは、「3.2.2　バックエンドの実装」–「Cloud Runへのデプロイ」で作成した、バックエンド実行用のサービスアカウントllm-app-backendを使用します。このサービスアカウントには、Vertex AIの各種サービスに対する利用者のロールが付与されている点に注意してください。このロールは、バックエンドのコードからPaLM API、Visual Captioning、Visual Q&Aなどのサービスを利用するために必要になります。

　次のコマンドで、サービスアカウントを指定してデプロイします。Cloud Runのサービス名は、fashion-compliment-serviceを指定します。

```
SERVICE_ACCOUNT=llm-app-backend@$GOOGLE_CLOUD_PROJECT.iam.gserviceaccount.com
gcloud run deploy fashion-compliment-service \
  --image $REPO/fashion-compliment-service \
  --service-account $SERVICE_ACCOUNT \
  --region asia-northeast1 --no-allow-unauthenticated
```

　デプロイが完了したら、次のコマンドで、デプロイしたサービスの URL を環境変数 SERVICE_URL に保存します。

```
SERVICE_URL=$(gcloud run services list --platform managed \
  --format="table[no-heading](URL)" \
  --filter="metadata.name:fashion-compliment-service")
```

　動作確認のために、ローカルでテストしたときと同じ画像データをバックエンドサービスに送信します。デプロイの際に、オプション --no-allow-unauthenticated を指定しているので、このバックエンドは、認証済みのサービスアカウントからだけ利用できます。次のように、gcloud コマンドで開発者自身のユーザーアカウントに対する認証を行って、認証済みのトークンをリクエストヘッダに付け加えます。

```
AUTH_HEADER="Authorization: Bearer $(gcloud auth print-identity-token)"
IMAGE_BASE64=$(base64 -w0 $HOME/genAI_book/images/profile.png)
DATA='{"image":"'$IMAGE_BASE64'"}'
curl -X POST \
  -H "$AUTH_HEADER" \
  -H "Content-Type: application/json" \
  -d "$DATA" \
  -s ${SERVICE_URL}/api/compliment | jq .
```

　バックエンドが正常に稼働していれば、ローカルでテストしたときと同様のメッセージが得られます。期待する結果が得られない場合は、クラウドコンソールで、デプロイしたサービスのログメッセージを確認してください。次は、このバックエンドを利用した Web アプリケーションのフロントエンドを作成します。

フロントエンドの実装

　ここでは、**図3-25**に示した「ファッションを褒めるチャットボット風アプリ」を実装します。[ファイルアップロード]をクリックしてローカルの画像ファイルを選択すると、画像がアップロードされて、先ほどのバックエンドで生成したメッセージがチャットボットの応答として表示されます。

図3-25　「ファッションを褒めるチャットボット風アプリ」の画面イメージ

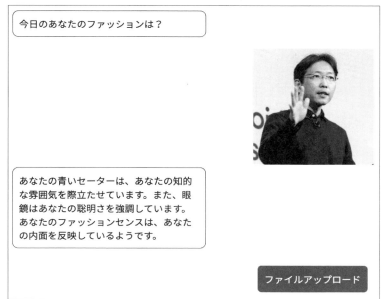

先ほどは、ディレクトリ $HOME/FashionCompliment/backend にバックエンドのコードを配置しました。対応するフロントエンドのコードは、ディレクトリ $HOME/FashionCompliment/src に配置します。このディレクトリを作成して、カレントディレクトリを変更しておきます。

```
mkdir $HOME/FashionCompliment/src
cd $HOME/FashionCompliment/src
```

これ以降は、$HOME/FashionCompliment/src をカレントディレクトリとして作業を進めます。作成するファイルのファイル名は、このディレクトリを起点とするパスで表示します。「英文添削アプリ」のフロントエンドを「3.2.3　フロントエンドの実装」で実装した際は、**表3-1** の共通ファイルをコピーした後、フロントエンド本体のコードを追加してきました。ここでも同じ方法をとってもよいのですが、フロントエンドの構造そのものは、「英文添削アプリ」と同じなので、同じ説明を繰り返すのはやめて、完成済みのコードもコピーすることにします。**表3-1** のファイルに加えて、次の**表3-2** のファイルもあわせてコピーします。

表3.2　チャットボット風アプリのコード

ファイル	説明
public/loading.gif	応答待ちのビジーカーソル画像
components/FashionCompliment.js	チャット風アプリのコンポーネント
pages/index.js	チャット風アプリ画面
pages/api/compliment.js	バックエンドのAPIゲートウェイとなるサーバーコンポーネント

次のコマンドを実行すると、**表3-1**、**表3-2**のファイルがまとめてコピーされます。

```
cp -a $HOME/genAI_book/FashionCompliment/src \
  $HOME/FashionCompliment/
```

このほかには、環境に依存するファイルとして、.firebase.js（Firebaseのクライアント設定ファイル）と.env.local（バックエンドサービスのURLを指定するファイル）が必要です。まず、「3.2.3　フロントエンドの実装」-「Firebaseへのアプリケーション登録」と同様の手順で、Firebaseに新しいアプリケーションを登録して、設定ファイル.firebase.jsを作成します。この際、先頭部分に「export」を追加するのを忘れないようにしてください。

次に、ファイル.env.localを次の内容で作成します。

.env.local

```
FASHION_COMPLIMENT_API="https://fashion-compliment-service-xxxxxx-an.a.run.app/api/compliment"
```

xxxxxxの部分は環境によって変わるので、先ほどデプロイしたバックエンドサービスfashion-compliment-serviceのURLをクラウドコンソールで確認してください。もしくは、次のコマンドで確認することもできます。

```
gcloud run services list --platform managed \
  --format="table[no-heading](URL)" \
  --filter="metadata.name:fashion-compliment-service"
```

ここまでの準備ができたら、一度、ローカル環境で動作確認を行います。次のコマンドで、必要なパッケージをインストールして、開発用Webサーバーを起動します。

```
npm install
npm install firebase firebase-admin google-auth-library
npm run dev
```

この後、ブラウザから、URL「http://JKL.GHI.DEF.ABC.bc.googleusercontent.com:3000」にアクセスすると、**図3-25**のアプリケーションが利用できます。「2.2.2　静的Webページ作成」で説明したように、「JKL.GHI.DEF.ABC」の部分は、開発用仮想マシンのVMインスタンスの外部IPアドレス「ABC.DEF.GHI.JKL」を逆順に並べたものです。動作確認ができたら、［Ctrl］＋［C］で開発用Webサーバーを停止しておきます。

最後に、完成したアプリケーションをコンテナイメージにして、Cloud Runのサービスとしてデプロイします。バックエンドサービスと同様に、「2.5.2　Cloud Buildによるコンテナイメージ作成」で用意したリポジトリにコンテナイメージを保存するので、作成済みのリポジトリのパスを環境変数に保存しておきます。

```
REPO=asia-northeast1-docker.pkg.dev/$GOOGLE_CLOUD_PROJECT/container-image-repo
```

次のコマンドで、コンテナイメージをビルドします。

```
gcloud builds submit . --tag $REPO/fashion-compliment-app
```

ビルドしたイメージをCloud Runのサービスとしてデプロイするときは、サービスアカウントの指定が必要でした。ここでは、「3.2.3　フロントエンドの実装」－「Cloud Runへのデプロイ」で作成した、フロントエンド実行用のサービスアカウントllm-app-frontendを使用します。このサービスアカウントには、Firebaseの管理者権限とCloud Runの他のサービスを呼び出す権限を持ったロールが付与されている点に注意してください。

次のコマンドで、サービスアカウントを指定してデプロイします。Cloud Runのサービス名は、fashion-compliment-appを指定します。

```
SERVICE_ACCOUNT=llm-app-frontend@$GOOGLE_CLOUD_PROJECT.iam.gserviceaccount.com
gcloud run deploy fashion-compliment-app \
  --image $REPO/fashion-compliment-app \
  --service-account $SERVICE_ACCOUNT \
  --region asia-northeast1 --allow-unauthenticated
```

デプロイが完了すると、「https://fashion-compliment-app-xxxxxx-an.a.run.app」という形式のURLがサービスに割り当てられて、コマンドの出力に表示されます。「3.2.2　バックエンドの実装」－「Cloud Runへのデプロイ」の**図3-17**のように、クラウドコンソールのCloud Runの管理画面からも確認できます。

最後に、Firebaseのログイン認証機能を利用するために、このURLのドメインを承認済みドメインに追加しておきます。Firebaseコンソールのトップ画面（https://console.firebase.google.com）を開くと、プロジェクトの一覧が表示されるので、今回使用している

プロジェクトをクリックして、プロジェクトの管理画面を開きます。左のメニューから「構築」→「Authentication」を選択して、[設定] タブの「承認済みドメイン」をクリックします。[ドメインの追加] をクリックして、このサービスの URL の FQDN「fashion-compliment-app-xxxxxx-an.a.run.app」を入力して [追加] をクリックします。この後、ブラウザからこの URL にアクセスすると、アプリケーションが利用できます。

　なお、フロントエンドのコードでは、components/FashionCompliment.js の中で画像データを扱う処理が実装されています。ブラウザ上の JavaScript で画像データを扱う際は、そのデータ形式に注意が必要です。ファイルをブラウザにアップロードする際は、主に、type 属性に file を指定した input 要素を使用しますが、このとき、アップロードされた画像ファイルは、Blob 形式になります。このコードでは、Blob 形式の画像データをリサイズする関数 resizeImage() と、Blob 形式から Base64 形式で文字列にエンコードしたデータに変換する関数 blobToBase64() を補助関数として定義して利用しています。この部分の流れだけ、実際のコードをもとに説明しておきます。

　まず、画像ファイルをアップロードする処理は、次の部分です。

components/FashionCompliment.js（抜粋）

```
 61    const inputRef = useRef(null);
    ...（中略）...
161    const elem = (
162      <div key="fileUpload" align="right">
163        <button onClick={() => inputRef.current.click()}>
164          {fileUploadMessage}
165        </button>
166        <input ref={inputRef} hidden
167          type="file" accept="image/*" onChange={onFileInputChange} />
168      </div>
169    );
```

　166～167 行目の input 要素で画像ファイルをアップロードしますが、ここでは、input 要素そのものは hidden 属性をつけて非表示にしておき、代わりに、163～165 行目のアップロードボタンを表示しています。このボタンをクリックすると、これに連動して input 要素がクリックされます。この際、ボタンから input 要素を参照するために、React の Ref フックと呼ばれる仕組みを使っています。61 行目で定義した Ref フック inputRef を使用して、166 行目の input 要素を 163 行目のコールバック関数から参照して、クリック処理を実行します。input 要素がクリックされて、ユーザーがローカルの画像ファイルを選択すると、そのファイルがブラウザに読み込まれた後、画像データが次の関数 onFileInputChange() に渡ります。

components/FashionCompliment.js（抜粋）

```
101    const onFileInputChange = async (evt) => {
102      setButtonDisabled(true);
103
104      const imageBlob = await resizeImage(evt.target.files[0], 500);
105
106      let chatDataNew = chatData.concat(); // clone an array
107      chatDataNew.push({"user": "image", "image": imageBlob});
108      chatDataNew.push({"user": "bot", "text": "_typing_"});
109      setChatData(chatDataNew);
110
111      const data = await getMessage(imageBlob);
112
113      chatDataNew.pop();
114      chatDataNew.push({"user": "bot", "text": data.message});
115      setChatData(chatDataNew);
116
117      setButtonDisabled(false);
118    };
```

　アップロードした画像データは、evt.target.files[0]にBlob形式で格納されています。104行目では、補助関数resizeImage()で、これを横幅500ピクセルにリサイズします。リサイズした画像データを111行目で関数getMessage()に渡して、バックエンドからの応答メッセージを受け取ります。関数getMessage()は、次のように実装されています。

components/FashionCompliment.js（抜粋）

```
76    const getMessage = async (imageBlob) => {
77      const callBackend = async (imageBase64) => {
78        const apiEndpoint = "/api/compliment";
79        const token = await auth.currentUser.getIdToken();
80        const request = {
81          method: "POST",
82          headers: {
83            "Content-Type": "application/json",
84          },
85          body: JSON.stringify({
86            token: token,
87            image: imageBase64,
88          })
89        };
90        const res = await fetch(apiEndpoint, request);
91        const data = await res.json();
92        return data;
93      };
94
```

```
95      const imageBase64 = await blobToBase64(imageBlob);
96      const data = await callBackend(imageBase64);
97      return data;
98    }
```

　95〜96行目では、受け取ったBlob形式のデータを補助関数blobToBase64()でBase64形式に変換して、これを77〜93行目の関数callBackend()に渡します。この関数が、サーバーコンポーネントのREST APIにBase64形式の画像データを送信して、バックエンドからのメッセージを取得するという流れです。今回の実装では、ブラウザに表示される画像のデータはブラウザのメモリ上に保存されており、クラウド上のストレージに保存するなどの処理はしていません。

　このほかには、Effectフックを利用して、新しい画像やメッセージが表示されると、ブラウザの画面を一番下まで自動でスクロールする仕組みも用意されています。この部分については、実際のコードをみなさんで確認してください。

■ COLUMN

配列にReactエレメントを保存するときの注意点

　本文では、フロントエンドの構造は「英文添削アプリ」と同じと説明しましたが、フロントエンドのコードcomponents/FashionCompliment.jsの中で、Reactに固有の注意点が1つあります。このコードではチャット風の画面を表示するために、これまでのやりとりに含まれる画像とその応答文について、それぞれを表すReactエレメントを配列chatBodyに追加していきます。AIの応答文を追加する部分を抜粋すると、次のようになります。

components/FashionCompliment.js

```
126    const chatBody = [];
127    let i = 0;
128    for (const item of chatData) {
129      i += 1;
    ...(中略)...
140        elem = (
141          <div key={i} style={textStyle}>
142            {item.text}
143          </div>
144        );
    ...(中略)...
170      chatBody.push(elem);
```

　141行目を見ると、配列に追加するdiv要素のkey属性として、配列内での通し番号を

与えています。このように、配列にReactエレメントを保存する際は、それぞれの要素にユニークなkey属性を指定する必要があります。Reactは、画面に表示するコンポーネントの配置が変化すると、それに合わせて画面を再描画しますが、配列内のコンポーネントの位置関係（格納順序）が変わった場合、key属性によって移動前後のコンポーネントを対応づけます。今回の場合、対話のやりとりの順序が変わることはないので、配列内での通し番号がユニークなkey属性として利用できます。配列内での順序が変わる場合は、それぞれのコンポーネントにユニークな値を固定的に用意する必要があるので注意してください。

　なお、このフロントエンドのコードでは、対話のやりとりのデータは、State変数に保存しているだけで、クラウド上のストレージに保存するなどの処理はありません。やりとりが長く続くと、その分だけブラウザのメモリ使用量が増えていくので、その点にも注意して使用してください。

LangChain による PDF 文書処理

第4章のはじめに

　前章では、ユーザーが入力した文章や、Visual Captioning、Visual Q&A で画像から抽出したテキスト情報を PaLM API で処理する仕組みをバックエンドとして、実際に動作するWeb アプリケーションを作成しました。PaLM API を活用するアプリケーションのアイデアは、このほかにもいろいろ出てきそうですが、PDF のドキュメントなど、長い文書を扱う際は注意が必要です。プロンプトに入力できるトークン数には上限があるため、PDF のドキュメントをまるごと要約するなど、長い文書をそのままの形で処理することはできません[36]。

　このような場合、文書を分割して、それぞれのパートを個別に処理した後に、再度、それぞれの結果をまとめ直すといった工夫が必要です。オープンソースの LangChain を利用すると、このような処理を簡単に実装できます。本章では、LangChain を利用して PDF 文書の要約処理を試します。また、Cloud Storage に PDF ファイルをアップロードすると、自動的にその要約テキストを生成する仕組みを実装したうえで、Google ドライブ風のファイル保存アプリを作成します。

4.1　LangChain による PDF 文書の要約

4.1.1　LangChain 入門

　プロンプトに入力可能なトークン数の制約は、PaLM API に固有のものではなく、大規模言語モデル一般にあてはまります。また、大規模言語モデルで実用的なアプリケーションを作る際は、入力データを分割して処理するほかに、他のサービスと大規模言語モデルを連携させるなどの作り込みが必要です。LangChain は、このような連携処理をパイプラインとして実装するためのフレームワークです。オープンソースとして提供されており、PaLM APIをはじめとする複数の大規模言語モデルに対応したモジュールが用意されています。

　ここでは、LangChain の使い方の雰囲気を掴むために、「入力テキストのフォーマット（Format）」「LLM の API をコールして結果を取得（Predict）」「得られた結果の再フォーマット（Parse）」の3つの基本処理をパイプラインとして実装する例をノートブック上で試します。「3.1.2　Python SDK による PaLM API の利用」 –「Vertex AI Workbench の環境準備」の手順に従って新しいノートブックを用意したら、ノートブック上で次のコマンドを実行していきます。また、ここで実行するものと同じ内容のノートブックが、本書の GitHub リ

注36　トークンの入力上限は使用するモデルによって異なります。たとえば、text-bison@002 では約 8,000 トークン、text-bison-32k@002 では約 32,000 トークンが入力上限になります。

ポジトリにも用意してあります[注37]。GitHub の Web サイト上で、フォルダー「genAI_book/ Notebooks」内の「LangChain with PaLM API.ipynb」を選択すると内容が確認できます。

はじめに、LangChain のライブラリパッケージをインストールします。ここでは、LangChain に対応したバージョンの Vertex AI のクライアントライブラリもあわせてインストールします[注38]。

```
1  !pip install --user \
2    langchain==0.1.0 langchain-google-vertexai==0.0.5 \
3    google-cloud-aiplatform==1.39.0
```

ライブラリをインストールした直後は、一度、ノートブックのカーネルを再起動する必要があります。図4-1の再起動ボタンをクリックして、カーネルを再起動します。

図4-1 再起動ボタンをクリック

この後は、Format、Predict、Parse の3つの基本処理を順に実装していきます。

ステップ1：Format

このステップでは、PromptTemplate モジュールを使用して、言語モデルに入力するプロンプトを作成します。このモジュールでは、事前に定義したプロンプトのテンプレートに、コード内で生成した内容を動的に埋め込むことができます。一例として、商品名を言語モデルに考えてもらうプロンプトを次のように定義します。

```
1  from langchain import PromptTemplate
2
3  template = """\
4  あなたは新製品の名前を考えるのが専門のコピーライターです。
5  新製品の印象的な名前の案を3つ考えてください。
6  3つの名前をカンマ区切りのリストで出力してください。
7  既存の特定の商品名は含めないでください。
8
```

注37 https://github.com/google-cloud-japan/sa-ml-workshop

注38 ここで実行するコマンドの出力メッセージに「ERROR: pip's dependency resolver does not currently take into account...」というエラーメッセージが含まれる場合がありますが、このメッセージは無視しても問題ありません。

```
 9    次は製品の説明と出力の例です。
10    製品の説明：子供向けの可愛いクレヨンセット
11    出力：クレヨンキッズ，クレヨンファン，クレヨンワールド
12
13    次の製品名を考えてください。
14    製品の説明：{description}
15    出力：
16    """
17
18    prompt = PromptTemplate(template=template, input_variables=['description'])
```

　ここでは、14行目の{description}の部分に記述された製品について、商品名のアイデア
を3つ出してもらいます。カンマ区切りのリストとして結果が得られるように、明示的に指
示をすると同時に具体的な入出力のサンプルも与えています。次のコマンドを実行すると、
{description}の部分が指定の文字列に置き換えられた結果が得られます。

```
print(prompt.format(description='若者向けのスマホケース'))
```

　これだけの処理であれば、Pythonの機能でも簡単に実現できますが、独自に実装した場合、
実装した人によってオプション名などがバラバラになるなど、他のモジュールとの連携が難
しくなります。LangChainのモジュールで実装を標準化することで、他のモジュールと組み
合わせたパイプラインの作成が容易になります。

ステップ2：Predict

　このステップでは、LangChainに含まれるVertexAIモジュールを使用して、PaLM API
にリクエストを送信します。PaLM API以外にもさまざまな言語モデルのAPIがありますが、
それぞれに対応したモジュールを使用することで、同じ形式で扱うことができます。次のコー
ドは、VertexAIモジュールを使用してPaLM APIを呼び出すクライアントオブジェクトを
取得します。オプションlocationで使用するAPIのリージョンを指定します。クリエイティ
ブな提案が欲しいので、オプションtemperatureで指定する温度パラメーターは少し大きめ
の0.4に設定しています。

```
1    from langchain_google_vertexai import VertexAI
2    llm = VertexAI(model_name='text-bison@002', location='asia-northeast1',
3                   temperature=0.4, max_output_tokens=128)
```

　他の言語モデルのAPIを使用する場合は、それぞれに対応するモジュールでクライアン
トオブジェクトを取得しますが、クライアントオブジェクトを取得した後のコードの書き方
はAPIの種類によらず同じになります。LLMChainモジュールを用いると、先に用意したテ

ンプレートの適用処理と、APIを呼び出す処理を結合したパイプラインが定義できます。

```
1  from langchain import LLMChain
2  llm_chain = LLMChain(prompt=prompt, llm=llm)
```

　定義したパイプラインは、次のように実行します。ここでは、「若者向けの軽くてカラフルなスマホケース」の商品名を提案してもらいます。

```
1  description = '若者向けの軽くてカラフルなスマホケース'
2  output = llm_chain.invoke({'description': description})
3  print(output)
```

　実行ごとに異なる結果になりますが、たとえば、次のような結果が得られます。ディクショナリのtextをキーとする要素に実行結果のテキストが含まれています。

```
{'description': '若者向けの軽くてカラフルなスマホケース', 'text': ' ポップケース, カラフルケース, ライトケース'}
```

ステップ3：Parse

　ステップ1で用意したプロンプトでは、言語モデルに対して、カンマ区切りのリストで出力するように指示しました。しかしながら、言語モデルの出力は基本的にはひと続きのテキストであり、ステップ2で得られた結果は、厳密には「カンマ区切りのリスト形式の文字列」です。これをパースして、Pythonのリストに変換するのはそれほど難しくありませんが、ここでもLangChainの標準的なモジュールが使用できます。カンマ区切りの文字列をPythonのリストに変換するには、CommaSeparatedListOutputParserモジュールを使用します。はじめに、パーサーのオブジェクトを用意します。

```
1  from langchain.output_parsers import CommaSeparatedListOutputParser
2  output_parser = CommaSeparatedListOutputParser()
```

　このオブジェクトを用いて、次のように、言語モデルの出力をリストに変換できます。

```
output_parser.parse(output['text'])
```

　結果は、次のようになります。

```
['ポップケース', 'カラフルケース', 'ライトケース']
```

　ここでは想定どおりの結果が得られましたが、このコマンドを繰り返し実行すると、問題が起きることがあります。言語モデルが、カンマ区切りのリストを出力するという指示を無視して、他の形式で応答を返すことがあるため、意図どおりに動作しないのです。これを解決するには、プロンプトの内容を工夫して、出力するデータ構造をより確実に指定する必要があります。LangChain の PydanticOutputParser モジュールには、出力形式を指定する詳細な指示（インストラクション）を自動生成する機能があり、これが利用できます。このモジュールを利用すると、事前に定義したクラスのオブジェクトとして結果を得ることができます。次は、これを試してみます。

オブジェクト形式で結果を取得

　はじめに、pydantic ライブラリを使用して、結果を格納するクラスを定義します。pydantic は、Python に型指定の機能を加えるライブラリで、クラスに含まれるそれぞれの要素の型が明示的に指定できます。3 種類の商品名を格納するクラスであれば、次のような定義ができます。

```
1  from pydantic import BaseModel, Field
2
3  class ProductNames(BaseModel):
4      setup: str = Field(description='product description')
5      product_name1: str = Field(description='product name 1')
6      product_name2: str = Field(description='product name 2')
7      product_name3: str = Field(description='product name 3')
```

　この ProductNames クラスには、文字列型の 4 つの要素（setup、product_name1、product_name2、product_name3）があります。setup には入力した製品情報を格納して、product_name1、product_name2、product_name3 には提案された 3 種類の商品名を格納する想定です。そして、LangChain の PydanticOutputParser モジュールを用いて、言語モデルの出力を ProductNames クラスのオブジェクトに変換するパーサーオブジェクトを生成します。

```
1  from langchain.output_parsers import PydanticOutputParser
2  parser = PydanticOutputParser(pydantic_object=ProductNames)
```

　このオブジェクトは、ProductNames クラスに対応した JSON 形式で結果を返すように指示するインストラクションが生成できます。インストラクションの内容は、次のコマンドで確認できます。

```
print(parser.get_format_instructions())
```

　次の結果からわかるように、JSONの型を定義するスキーマ言語であるJSON Schemaを用いて出力形式を指定しています。大規模言語モデルは、自然言語だけではなく、プログラミング言語も理解するので、このような指示が可能になります。

```
The output should be formatted as a JSON instance that conforms to the JSON schema below.

As an example, for the schema {"properties": {"foo": {"title": "Foo", "description": "a list of
strings", "type": "array", "items": {"type": "string"}}}, "required": ["foo"]}
the object {"foo": ["bar", "baz"]} is a well-formatted instance of the schema. The object
{"properties": {"foo": ["bar", "baz"]}} is not well-formatted.

Here is the output schema:
```
{"properties": {"setup": {"title": "Setup", "description": "product description", "type":
"string"}, "product_name1": {"title": "Product Name1", "description": "product name 1", "type":
"string"}, "product_name2": {"title": "Product Name2", "description": "product name 2", "type":
"string"}, "product_name3": {"title": "Product Name3", "description": "product name 3", "type":
"string"}}, "required": ["setup", "product_name1", "product_name2", "product_name3"]}
```
```

　PromptTemplateモジュールを用いて、このインストラクションを含んだプロンプトのテンプレートを用意したうえで、LLMChainモジュールによるパイプラインを再構成します。出力形式はインストラクションで決まるので、入出力のサンプルは省略しています。

```
 1  template="""\
 2  あなたは新製品の名前を考えるのが専門のコピーライターです。
 3  新製品の印象的な名前の案を3つ考えてください。
 4  既存の特定の商品名は含めないでください。
 5
 6  出力形式: {format_instructions}
 7
 8  製品の説明: {description}
 9  """
10
11  prompt = PromptTemplate(
12      template=template,
13      input_variables=['description'],
14      partial_variables={
15          'format_instructions': parser.get_format_instructions()}
16  )
17
```

```
18  llm_chain = LLMChain(prompt=prompt, llm=llm)
```

　この後は、先ほどと同様の方法で、言語モデルからの回答が得られます。言語モデルから
の応答は、インストラクションで指示されたJSON形式になっており、先に用意したパーサー
のオブジェクトでProductNamesクラスのオブジェクトに変換できます。ここでは、「象が踏
んでも壊れないスマホケース」の名前を考えてもらいましょう。

```
1  description = '象が踏んでも壊れないスマホケース'
2  output = llm_chain.invoke({'description': description})
3  parser.parse(output['text'])
```

　実行結果は次のようになります。ProductNamesクラスのオブジェクトが得られており、
product_name1、product_name2、product_name3のそれぞれの要素に商品名が入っているこ
とがわかります。

```
ProductNames(setup='象が踏んでも壊れないスマホケース', product_name1='アイアンケース', product_ ↵
name2='タフガード', product_name3='エレファントプロテクター')
```

　さらに、TransformChainとSequentialChainのモジュールを使用すると、パーサーを含
んだ一連の処理を1つのパイプラインにまとめることもできます。具体的には、次のコード
になります。

```
1  from langchain.chains import TransformChain, SequentialChain
2
3  llm_chain = LLMChain(prompt=prompt, llm=llm, output_key='json_string')
4
5  def parse_output(inputs):
6      text = inputs['json_string']
7      return {'result': parser.parse(text)}
8
9  transform_chain = TransformChain(
10      input_variables=['json_string'],
11      output_variables=['result'],
12      transform=parse_output
13  )
14
15  chain = SequentialChain(
16      input_variables=['description'],
17      output_variables=['result'],
18      chains=[llm_chain, transform_chain],
19  )
```

少し複雑に見えますが、全体の構造は**図4-2**のようになります。まず、3行目で言語モデルを呼び出すパイプライン llm_chain を定義しています。このパイプラインは、ディクショナリ形式で結果を返して、json_string をキーとする要素に言語モデルからの出力（今の場合は、JSON 形式のテキスト）が格納されます。これをパーサーで ProductNames クラスのオブジェクトに変換する関数 parse_output() を用意しておき（5〜7行目）、これを適用するパイプラインを TransformChain モジュールで定義します（9〜13行目）。最後に、これら2つのパイプラインを SequentialChain のモジュールで1つにまとめます（15〜19行目）。

図4-2 言語モデルの呼び出しとパーサーによる変換をまとめたパイプライン

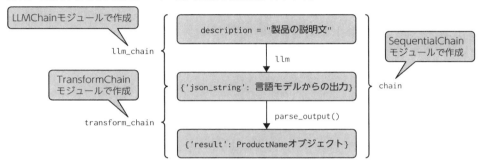

次のように、すべての処理をワンステップで実行できます。

```
1  description = '象が踏んでも壊れないスマホケース'
2  output = chain.invoke({'description': description})
3  output['result']
```

先ほどと同様に、ProductNames クラスのオブジェクトが得られます。

```
ProductNames(setup='象が踏んでも壊れないスマホケース', product_name1='アイアンケース', product_
name2='タフガード', product_name3='エレファントプロテクター')
```

4.1.2   PDF 文書の要約

LangChain には、PDF ファイルを読み込んだり、長い文書を分割して処理するなど、自然言語モデルを利用するうえでの便利な機能を提供するモジュールも用意されています。ここでは、LangChain を用いて、PDF ファイルからテキストを読み込んで、その内容を短くまとめて説明する処理を実現します。Google ドライブのようなクラウドストレージのサービスにこの処理を追加すれば、ファイル一覧画面で、PDF ファイルに短い説明を添えて表

示するといった機能が実現できるでしょう。

　ここでは、ノートブック上でコードを実行していきますが、処理の実装方法が確認できたら、次節でこれをアプリケーションとして実装します。また、ここで実行するものと同じ内容のノートブックは、GitHub の Web サイト上では、フォルダー「genAI_book/Notebooks」にある「PDF Summarization.ipynb」で確認できます。

　新しいノートブックを用意したら、はじめに、LangChain のライブラリパッケージと、PDF を扱うのに必要なライブラリパッケージをインストールします。

```
1  !pip install --user \
2    langchain==0.1.0 transformers==4.36.0 \
3    pypdf==3.17.0 cryptography==42.0.4 \
4    langchain-google-vertexai==0.0.5 \
5    google-cloud-aiplatform==1.39.0
```

　ライブラリをインストールした直後は、一度、ノートブックのカーネルを再起動する必要があります。先ほどの**図4-1**に示した再起動ボタンをクリックして、カーネルを再起動します。その後、新しいコード用のセルで、次のコマンドを実行します。

```
1  base_url = 'https://raw.githubusercontent.com/google-cloud-japan/sa-ml-workshop/main'
2  !wget -q $base_url/genAI_book/PDF/handbook-prologue.pdf
```

　ここでは、NISC が一般公開している「インターネットの安全・安心ハンドブック[注39]」のプロローグ部分の PDF ファイル handbook-prologue.pdf をダウンロードしています。全部で14ページの冊子です。この冊子の内容を LangChain と PaLM API で要約することが、ここでの目標です。

　まずは、この PDF ファイルを読み込んで、テキストデータに変換します。これは、PyPDFLoader モジュールを用いた次のコードで実施できます。

```
1  from langchain_community.document_loaders import PyPDFLoader
2
3  pages = PyPDFLoader('handbook-prologue.pdf').load()
4  document = ''
5  for page in pages:
6      document += page.page_content
```

　3行目を実行すると、変数 pages には、handbook-prologue.pdf をページごとに分割したリストが保存されます。リストのそれぞれの要素は、LangChain 独自の Document オブジェ

注39 https://security-portal.nisc.go.jp/guidance/handbook.html

クトで、ページ内のテキストに加えて、ページ番号などのメタ情報が保存されています。こ
こでは、各ページのテキストをつなげて、1つのテキストデータにまとめます。4〜6行目では、
リストの各要素（1ページ分の情報を保存したDocumentオブジェクト）pageから、ページ
内のテキストpage.page_contentを取り出して、これらをつなげたテキストを変数document
に保存しています。素朴に考えると、「3.1.1　Vertex AI StudioでPaLM APIを体験」の「文
書の要約処理」で試したように、documentの内容をすべてプロンプトに入力して、言語モデ
ルに要約させる方法が使えそうですが、これはうまくいきません。テキストが長すぎるため、
PaLM APIに入力可能なトークン数の上限を超えてしまいエラーになります。

　続いて、VertexAIモジュールを使用して、PaLM APIを呼び出すクライアントオブジェ
クトを取得します。

```
1  from langchain_google_vertexai import VertexAI
2  llm = VertexAI(model_name='text-bison@002', location='asia-northeast1',
3                 temperature=0.1, max_output_tokens=1024)
```

　この後は、LangChainのモジュールを組み合わせて、変数documentに保存した内容を
PaLM APIで要約しますが、まずは、簡単な例でモジュールの使い方を説明します。次の
例を見てください。

```
1  from langchain.text_splitter import RecursiveCharacterTextSplitter
2  from langchain.chains.question_answering import load_qa_chain
3  from langchain.chains import AnalyzeDocumentChain
4
5  text_splitter = RecursiveCharacterTextSplitter(
6      chunk_size=6000, chunk_overlap=200)
7  qa_chain = load_qa_chain(llm, chain_type='map_reduce')
8  qa_document_chain = AnalyzeDocumentChain(
9      combine_docs_chain=qa_chain, text_splitter=text_splitter)
10
11 output = qa_document_chain.invoke(
12     {'input_document':'今は６月で雨が多い時期です。', 'question':'最近の天候は？'})
13 print(output)
```

　ここでは、RecursiveCharacterTextSplitter、load_qa_chain、AnalyzeDocumentChainの
3つのモジュールを使用しています。まず、RecursiveCharacterTextSplitterモジュールは、
入力テキストをオプションchunk_sizeで指定した文字数以下のまとまり（チャンク）に分割
します。この際、**図4-3**のように、オプションchunk_overlapで指定した数の文字は、隣り
合うチャンクで重なり合うように分割します。単純にテキストの途中で分割すると、元のテ
キストの情報が失われる可能性がありますが、これを防止することができます。

図4-3　「chunk_size=20, chunk_overlap=7」で分割した例

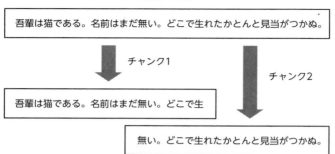

入力テキスト

吾輩は猫である。名前はまだ無い。どこで生れたかとんと見当がつかぬ。

チャンク1

チャンク2

吾輩は猫である。名前はまだ無い。どこで生

無い。どこで生れたかとんと見当がつかぬ。

　次に、load_qa_chain モジュールは、複数のチャンクに分割されたテキストをもとにして、質問に回答する機能を提供します。具体的な方法は、オプション chain_type で指定します。chain_type='map_reduce' を指定した場合は、それぞれのチャンクから、質問に関連した部分を抜き出していき、最後にこれらの抜き出し全体から回答を生成します（**図4-4**）。あるいは、chain_type='refine' を指定した場合は、まず、はじめのチャンクから暫定的な回答を出力して、次のチャンクの情報を用いて、その回答を更新するという処理を繰り返していきます（**図4-5**）。どちらの方法がよいかは質問の内容に依存しますが、ドキュメントの要約など、ドキュメント全体の情報をまんべんなく必要とする質問については、map_reduce が適していると考えられます。

図4-4　chain_type='map_reduce' での処理の流れ

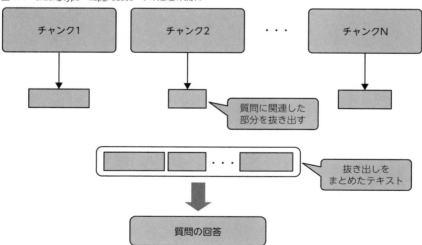

チャンク1　　　チャンク2　　　・・・　　　チャンクN

質問に関連した
部分を抜き出す

抜き出しを
まとめたテキスト

質問の回答

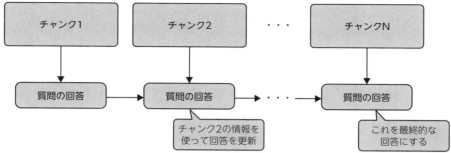

図4-5 chain_type='refine' での処理の流れ

最後に、AnalyzeDocumentChain モジュール は、RecursiveCharacterTextSplitter と load_qa_chain を組み合わせて、テキストの分割と回答の作成をパイプラインとしてまとめて実行します。先ほどのコードでは、5~7行目で、RecursiveCharacterTextSplitter と load_qa_chain のオブジェクトを生成したうえで、8~9行目で、これらを組み合わせた AnalyzeDocumentChain のパイプラインを作成しています。このパイプラインにテキストと質問を入力すると、テキストの内容に基づいた回答が得られます。

11~12行目では、「今は6月で雨が多い時期です。」というテキストと「最近の天候は？」という質問を入力しています。この短いテキストであれば、わざわざ分割処理する必要はありませんが、あくまで説明のためのサンプルと考えてください。これを実行すると、次の結果が得られます。

```
{'input_document': '今は6月で雨が多い時期です。', 'question': '最近の天候は？', 'output_text':
'最近の天候は雨が多いです。'}
```

ディクショナリの output_text をキーとする要素に実行結果が含まれており、「最近の天候は雨が多いです。」という、テキストで与えた情報に合致した回答が得られます。この機能を用いると、長いテキストの要約ができます。具体的には、次のような方法になります。

```
1  def get_description(document):
2      text_splitter = RecursiveCharacterTextSplitter(
3          chunk_size=4000, chunk_overlap=200)
4      qa_chain = load_qa_chain(llm, chain_type='map_reduce')
5      qa_document_chain = AnalyzeDocumentChain(
6          combine_docs_chain=qa_chain, text_splitter=text_splitter)
7
8      prompt = '何についての文書ですか？日本語で200字程度にまとめて教えてください。'
9      description = qa_document_chain.invoke(
10         {'input_document': document, 'question': prompt})
11     return description['output_text']
```

　ここで定義した関数get_description()は、引数documentでテキストを受け取り、これに対して、先ほどの仕組みを用いて、8行目のプロンプトにある質問を実行します。結果として、テキストの内容を短くまとめた要約が得られると期待できます。先に用意した「インターネットの安全・安心ハンドブック」のテキストを適用してみましょう。

```
print(get_description(document))
```

　言語モデルの特性上、実行ごとに異なる結果になる可能性がありますが、ここでは、次のような結果が得られました。「インターネットの安全・安心ハンドブック」というタイトルに合った内容です。

> この文書は、インターネットを利用する際に注意すべきリスクやトラブル、およびそれらへの対策について ↗
> 解説しています。

　なお、ここまでの説明からわかるように、LangChain のモジュールを組み合わせたこの方法は、テキストの要約に特化したものではありません。プロンプトの内容を変更すれば、任意の質問に対する回答が得られます。次の関数で試してみましょう。

```
1  def get_answer(document, question):
2      text_splitter = RecursiveCharacterTextSplitter(
3          chunk_size=4000, chunk_overlap=200)
4      qa_chain = load_qa_chain(llm, chain_type='refine')
5      qa_document_chain = AnalyzeDocumentChain(
6          combine_docs_chain=qa_chain, text_splitter=text_splitter)
7
8      prompt = '{} 日本語で200字程度にまとめて教えてください。'.format(question)
9      answer = qa_document_chain.invoke(
10         {'input_document': document, 'question': prompt})
11     return answer['output_text']
```

　ここで定義した関数get_answer()は、引数documentで受けたテキストに対して、引数questionで受けた質問を行います。8行目にあるように、質問に対して日本語でまとめて回答するように指示を追加しています。また、4行目にあるように、ここでは、chain_type='refine' を指定しています。この関数で、次の質問を試してみます。

```
1  question = 'サイバーセキュリティ対策のポイントを簡条書きにまとめてください。'
2  print(get_answer(document, question))
```

何度か実行すると、次の回答が得られました。セキュリティ対策のポイントが9つにまとめられています。

サイバーセキュリティ対策のポイント

・OSやソフトウェアは常に最新の状態にしておく。
・多要素認証を利用する。
・偽メールや偽サイトに騙されないように用心する。
・スマホやPCの画面ロックを利用する。
・大切な情報は失う前にバックアップする。
・外出先では紛失・盗難・覗き見に注意する。
・困ったときは1人で悩まず、まず相談する。
・パスワードは長く複雑にして、他と使い回さないようにする。
・心当たりのない送信元からのメールに添付されているファイルやリンクには注意する。

実は、先ほどのハンドブックの最後のページに「サイバーセキュリティ対策9か条」という内容があり、ちょうど、ここに記載された9つの項目を箇条書きにまとめた結果になっています。セキュリティ対策のポイントであれば、PaLM APIだけでも回答できますが、ハンドブックのテキストを与えることで、テキストの内容に基づいた回答が得られます。

このように、必要な情報を含んだテキストを組み合わせることで、言語モデルの回答の質を向上させることができます。ただし、これを実現するには、自分の質問に応じて、適切な情報を含んだテキストを見つける手段が前提として必要になります。この点については、「第5章　ドキュメントQAサービス」であらためて学びます。

4.2　スマートドライブアプリの作成

4.2.1　Eventarcによるイベント連携

前節では、PDFファイルの内容を要約する方法を確認しました。本節では、これを利用したサンプルアプリとして、Googleドライブ風のクラウドストレージのサービスを実装します。このアプリのユーザーは、PDFファイルをアップロードしてクラウドに保存することができて、それぞれのファイルの要約をクライアントの画面上で確認できるというものです（**図4-6**）。このアプリを「スマートドライブ」と名付けることにしましょう。

図4-6　スマートドライブの画面イメージ

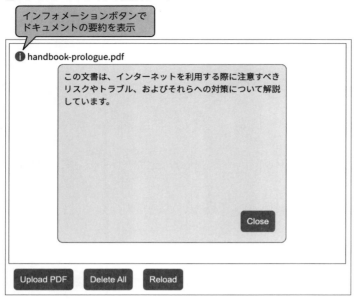

このアプリを実装する際に、PDF ファイルを保存するクラウド上の領域として、Cloud
Storage を利用します。Firebase を利用すると、フロントエンドのクライアントアプリケーショ
ンから Cloud Storage にファイルをアップロードすることができます。また、「1.1.2　本書で
使用する主なサービス」−「Eventarc と Pub/Sub」で説明したように、Eventarc を利用すると、
Cloud Storage に新しいファイルが保存されると、Cloud Run のサービスにリクエストを自
動送信することができます。これを利用して、**図4-7** の自動連携の仕組みを実装します。

図4-7　Eventarc を利用した Cloud Storage と Cloud Run の自動連携

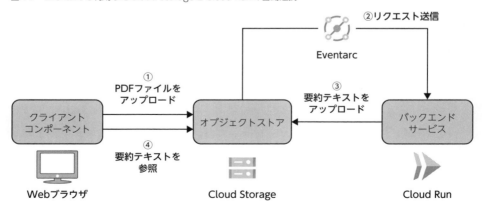

　まず、クライアントがCloud StorageにPDFファイルをアップロードすると、Eventarc
によって、Cloud Runのサービスにリクエストが送信されます。このリクエストには、バケッ
ト名やファイルパスなど、アップロードされたファイルの情報が含まれています。Cloud
Runのサービスは、この情報を利用して、該当のPDFファイルをダウンロードします。そ
して、LangChainとPaLM APIを使って、その内容を要約したテキストファイルを生成し、
これをCloud Storageに保存します。この一連の処理が終わると、クライアントアプリケーショ
ンは、Cloud Storageに保存された要約テキストを参照して、**図4-6**のように、その内容を
画面に表示できます。

　スマートドライブのアプリを実装する前に、ここではまず、簡単なサンプルを使って、
Eventarcを使ったイベント連携の設定手順を確認します。準備として、「2.1.1　新規プロジェ
クト作成」－「APIの有効化について」と同様の手順で、Eventarc APIを有効化しておきま
す（**図4-8**）。もしくは、開発用仮想マシンのコマンド端末で、次のコマンドを実行するこ
とでも有効化できます。

```
gcloud services enable eventarc.googleapis.com
```

図4-8　Eventarc APIを有効化

　この後は、開発用仮想マシンのコマンド端末から作業を行います。これから作成するコー
ドと同じものが、「2.2.1　Next.js開発環境セットアップ」でGitHubリポジトリからクローン
したディレクトリ $HOME/genAI_book/EventarcTest 以下にも用意されています。

バックエンドの実装とデプロイ

　ディレクトリ $HOME/EventarcTest を作成して、カレントディレクトリに設定します。

```
mkdir -p $HOME/EventarcTest
cd $HOME/EventarcTest
```

　これ以降は、$HOME/EventarcTest をカレントディレクトリとして作業を進めます。作成
するファイルのファイル名は、このディレクトリを起点とするパスで表示します。はじめに、

Eventarc からのリクエストを受けるバックエンドのコード main.py を作成します。

main.py

```
1   from cloudevents.http import from_http
2   from flask import Flask, request
3
4   app = Flask(__name__)
5
6   # This handler is triggered by storage events
7   @app.route('/api/post', methods=['POST'])
8   def process_event():
9       event = from_http(request.headers, request.data)
10      event_id = event['id']
11      event_type = event['type']
12      bucket_name = event.data['bucket']
13      filepath = event.data['name']
14      filesize = event.data['size']
15      content_type = event.data['contentType']
16      generation = event.data['generation']
17
18      print('Event contents: {}'.format(event))
19      print('Event ID: {}'.format(event_id))
20      print('Event type: {}'.format(event_type))
21      print('Bucket name: {}'.format(bucket_name))
22      print('File path: {}'.format(filepath))
23      print('File size: {}'.format(filesize))
24      print('Content type: {}'.format(content_type))
25      print('Generation: {}'.format(generation))
26
27      return ('Succeeded', 200)
```

　これまでに作成したバックエンドと同じ、Flask を用いた REST API サーバーのコード
で、7 行目の指定により、URL パス /api/post でリクエストを受け付けます。ただし、リク
エストに含まれるデータを取り出す部分がこれまでと異なります。1 行目でインポートした
from_http モジュールは、Eventarc からのリクエストを処理するためのモジュールで、9 行
目のコードでイベント情報が取り出せます。イベントを発行したソースによって情報の内
容は異なりますが、Cloud Storage をソースとするイベントの場合、変数 event、および、
event.data には、ディクショナリ形式で**表 4-1** のような情報が格納されています。

表4-1 Cloud Storageに関するイベントの主な情報

変数	説明
event['id']	イベントID
event['type']	イベントタイプ
event.data['bucket']	バケット名
event.data['name']	ファイルパス
event.data['size']	ファイルサイズ（バイト）
event.data['contentType']	コンテンツタイプ
event.data['generation']	ファイルの世代番号

　10〜16行目でこれらの情報を取り出して、18〜25行目でその内容を出力しています。Cloud Runで実行するコードがprint文で出力した内容は、Cloud Runのログから確認できます。18行目では、変数eventそのものを出力しており、ここから、event、および、event.dataに含まれるすべての情報が確認できます。

　表4-1の2行目にある「イベントタイプ」は、Eventarcの設定時に指定するもので、Cloud Storageに新しいファイルが保存されるか、既存のファイルが更新されたときに発行されるイベントの場合、google.cloud.storage.object.v1.finalizedという値が得られます。また、コンテンツタイプからファイルの種類が確認できます。PDFファイルであれば、application/pdfになります。

　そして最後に、27行目で、ステータスコード200（成功）の応答を返しています。応答のメッセージ（この例では「Succeeded」）は任意です。Eventarcのイベントは、メッセージングサービスであるPub/Subのメッセージキューに保存されており、成功ステータスの応答を受け取った時点でキューから削除されます。所定の時間内（デフォルトでは10秒）に成功ステータスの応答がない場合はタイムアウトして、同じリクエストが再送されます。

　それでは、このコードからコンテナイメージを作成して、Cloud Runのサービスとしてデプロイします。まず、使用するライブラリを記述した設定ファイルrequirements.txtを次の内容で作成します。

requirements.txt

```
1  Flask==2.3.2
2  gunicorn==21.2.0
3  cloudevents==1.9.0
```

　コンテナイメージを作成する手順を記したDockerfileは、「3.2.2　バックエンドの実装」－「Cloud Runへのデプロイ」で用意したものと同じ内容で作成します。その後、次のコマンドで、コンテナイメージをビルドします。イメージを保存するリポジトリは、これまでと同じく、「2.5.2　Cloud Buildによるコンテナイメージ作成」－「コンテナイメージの作成」で作成したものを利用します。

```
REPO=asia-northeast1-docker.pkg.dev/$GOOGLE_CLOUD_PROJECT/container-image-repo
gcloud builds submit . --tag $REPO/eventarc-test-service
```

コンテナイメージのビルドが終わったら、次のコマンドでCloud Runのサービスとしてデプロイします。サービスの実行に用いるサービスアカウントは、「3.2.2　バックエンドの実装」－「Cloud Runへのデプロイ」で作成した、バックエンド実行用のサービスアカウントllm-app-backendを使用します。サービス名は、eventarc-test-serviceとします。

```
SERVICE_ACCOUNT=llm-app-backend@$GOOGLE_CLOUD_PROJECT.iam.gserviceaccount.com
gcloud run deploy eventarc-test-service \
  --image $REPO/eventarc-test-service \
  --service-account $SERVICE_ACCOUNT \
  --region asia-northeast1 --no-allow-unauthenticated
```

Eventarcの設定

続いて、Eventarcの設定を行い、Cloud Storageのバケットに新しいファイルが保存、もしくは、既存のファイルが更新されたときに、先にデプロイしたCloud Runのサービスにリクエストが自動送信されるようにします。この際、いくつかのサービスアカウントが関連するので、それぞれの役割を簡単に説明しておきます。

Eventarcには、さまざまなイベントソースからイベントを受信して、イベント情報を含むメッセージをPub/Subに発行する処理と、Pub/Subのメッセージキューからメッセージを取り出して、Cloud Runのサービスにリクエストを送信する処理の2つの役割があります。これらの処理は、Eventarcの設定時に指定したサービスアカウントの権限で行われるので、そのためのサービスアカウントを作成して、イベントを受信する権限、および、Cloud Runのサービスにリクエストを送信する権限を設定する必要があります。

ただし、Cloud Storageに関連するイベントについては、例外的に、事前に用意されているCloud Storageのサービスアカウントが直接Pub/Subにメッセージを発行します。そのため、Cloud Storageのサービスアカウントに、Pub/Subにメッセージを発行する権限を追加する必要があります。

それでは、これらのサービスアカウントの設定を行います。はじめに、次のコマンドで、Cloud StorageのサービスアカウントにPub/Subにメッセージを発行する権限を持つロールを割り当てます。1つ目のコマンドは、該当のサービスアカウントのメールアドレスを取得するコマンドです。

```
KMS_SERVICE_ACCOUNT=$(gsutil kms serviceaccount -p $GOOGLE_CLOUD_PROJECT)
gcloud projects add-iam-policy-binding $GOOGLE_CLOUD_PROJECT \
  --member serviceAccount:$KMS_SERVICE_ACCOUNT \
  --role roles/pubsub.publisher
```

　次に、Eventarcで使用するサービスアカウントeventarc-triggerを作成して、イベント
を受信する権限、および、Cloud Runのサービスにリクエストを送信する権限、それぞれに
対応するロールを割り当てます。

```
gcloud iam service-accounts create eventarc-trigger
SERVICE_ACCOUNT=eventarc-trigger@$GOOGLE_CLOUD_PROJECT.iam.gserviceaccount.com

gcloud projects add-iam-policy-binding $GOOGLE_CLOUD_PROJECT \
 --member serviceAccount:$SERVICE_ACCOUNT \
 --role roles/eventarc.eventReceiver

gcloud projects add-iam-policy-binding $GOOGLE_CLOUD_PROJECT \
  --member serviceAccount:$SERVICE_ACCOUNT \
  --role roles/run.invoker
```

　ロールの追加が反映されるまで少し時間がかかることがあるので、1分程度待ってか
ら次の作業に進んでください。これでサービスアカウントの準備ができたので、次は、
Eventarcの設定を行います[注40]。

```
SERVICE_ACCOUNT=eventarc-trigger@$GOOGLE_CLOUD_PROJECT.iam.gserviceaccount.com
gcloud eventarc triggers create trigger-eventarc-test-service \
  --destination-run-service eventarc-test-service \
  --destination-run-region asia-northeast1 \
  --destination-run-path /api/post \
  --event-filters "type=google.cloud.storage.object.v1.finalized" \
  --event-filters "bucket=$GOOGLE_CLOUD_PROJECT.appspot.com" \
  --location asia-northeast1 \
  --service-account $SERVICE_ACCOUNT
```

　Eventarcでは、イベントを受信してリクエストを発行する設定をトリガーと呼びます。
ここでは、2行目にあるように、trigger-eventarc-test-serviceという名前のトリガー
を作成しています。その他のオプションは、**表4-2**のとおりです。オプション--event-
filtersでは、2種類のフィルターを設定していますが、Cloud Storageに関するイベントに
ついては、type=で対象とするイベントの種類、bucket=で対象とするバケットを指定します。
　バケットについては、任意のバケットが指定可能ですが、ここでは事前に用意されている
[Project ID].appspot.comという名前のバケットを指定しています[注41]。イベントの種類に

注40　EventarcのAPIを有効化した直後にこのコマンドを実行すると「FAILED_PRECONDITION: Invalid resource state for "":
　　　Permission denied while using the Eventarc Service Agent.」というエラーが発生する場合があります。この際は、数分待っ
　　　てから同じコマンドを実行してください。

注41　[Project ID]の部分は、実際のプロジェクトIDに置き換えてください。このバケットは、「2.3.1　Firebaseへのプロジェクト登録」
　　　で「デフォルトのGCPリソースロケーション」を設定したタイミングで自動的に作成されます。

ついては、次のいずれかを指定します。

- **google.cloud.storage.object.v1.finalized**：対象のバケット内に新しいファイルが保存されるか、もしくは、既存のファイルが更新されると発生するイベント
- **google.cloud.storage.object.v1.deleted**：対象のバケット内のファイルが削除されると発生するイベント

表4-2　Eventarc のトリガー設定オプション

オプション	説明
--destination-run-service	リクエストを送信する Cloud Run のサービス名
--destination-run-region	Cloud Run のサービスをデプロイしたリージョン
--destination-run-path	リクエストを送信する URL パス
--event-filters	イベントを選択するフィルター
--location	トリガーを実行するリージョン
--service-account	トリガーを実行するサービスアカウント

　設定したトリガーは、クラウドコンソールから確認できます。ナビゲーションメニューから「Eventarc」→「トリガー」を選択すると、作成済みのトリガーが一覧表示されます。トリガー名をクリックすると、詳細な設定情報が表示されます。なお、作成したトリガーが有効になるまで時間がかかることがあるので、トリガーを作成した後は、2分以上待ってから次の操作に進んでください。

　それでは、実際にイベントを発行して、動作を確認します。開発用仮想マシンのコマンド端末で、次のコマンドを実行します。ここでは、テキストファイルを作成して、それを Cloud Storage のバケットにアップロードしています。

```
date > /tmp/testfile.txt
gsutil cp /tmp/testfile.txt \
  gs://$GOOGLE_CLOUD_PROJECT.appspot.com/test/testfile.txt
```

　ファイルがアップロードされると、Eventarc によって、Cloud Run のサービスにリクエストが送信されて、Cloud Run のログにメッセージが出力されます。ログの内容は、クラウドコンソールで確認できます。クラウドコンソールのナビゲーションメニューから「Cloud Run」を選択すると、デプロイ済みのサービスが一覧表示されるので、eventarc-test-service をクリックします。画面上部のタブで［ログ］を選択してメッセージを下にスクロールすると、**図4-9**のような内容が確認できます。

図4-9　Cloud Runのログに出力されたイベント情報

　特に、Event contents: で始まる行をクリックして内容を確認すると、attributes、および、dataをキーとして、それぞれの下にディクショナリ形式のデータが収められています。attributes以下のディクショナリが**表4-1**の変数eventに対応して、data以下のディクショナリが**表4-1**の変数event.dataに対応します。

　これで、Eventarcの設定方法がわかりました。ここで作成したトリガーとCloud Runのサービスは、いったん削除しても構いません。クラウドコンソールのナビゲーションメニューから「Eventarc」→「トリガー」を選択すると、設定済みのトリガーが一覧表示されるので、該当のトリガーをチェックして削除ボタンをクリックします。同じく、ナビゲーションメニューから「Cloud Run」を選択すると、デプロイ済みのサービスが一覧表示されるので、該当のサービスをチェックして削除ボタンをクリックします。Cloud Runのサービスを削除した場合は、対応するEventarcのトリガーも忘れずに削除するようにしてください。

COLUMN

重複イベントへの対応方法

　「1.1.2　本書で使用する主なサービス」－「EventarcとPub/Sub」で説明したように、Eventarcによるイベントの送信は、「at-least-once（少なくとも1回）」であることが保証されており、同じ内容のイベントが重複して2回以上送信されることがあります。そのため、Eventarcから送信されたイベントを処理するサービスは、同じ内容のイベントを受け取っても問題が起きないように実装する必要があります。本書で使用するバックエンドでは、重複イベントを受け取った場合、単純に同じ処理を繰り返すように実装してあります。た

とえば、Cloud Storage にアップロードした1つの PDF ファイルに対して、要約テキストを作成する処理が2回以上実行される場合などがあります。

そのほかには、すでに処理済みの PDF ファイルをデータベースに記録しておき、イベントを受け取るごとに、対象の PDF ファイルが処理済みかどうかをチェックするという方法もあります。この際、PDF ファイルのファイル名（ファイルパス）だけを用いて、処理済みかどうかを判定すると問題が起きます。ユーザーが同じ名前の PDF ファイルを上書きでアップロードした際に、PDF ファイルの内容が変わっている可能性があるにも関わらず、処理済みと判定されて、必要な更新処理が行われません。このような場合は、**表4-1**にある世代番号（event.data['generation']）を利用します。同じファイルを上書きでアップロードすると、ファイル名は同じでも世代番号が異なる値に変化します。ファイル名と世代番号のセットで処理済みかどうかをチェックすれば、上書きしたファイルは未処理と判定できます。

なお、**表4-1**にあるように、個々のイベントには固有のイベント ID が割り当てられますが、Cloud Storage に関連するイベントの場合、重複イベントに対するイベント ID は、一致する場合もあれば、異なる場合もあります。そのため、イベント ID によって処理済みかどうかを判定する方法は利用できません。

4.2.2　Web アプリケーションの実装

Eventarc で Cloud Storage と Cloud Run のバックエンドサービスを連携する方法がわかりました。先ほどの**図4-7**のアーキテクチャーを実現するには、このほかに、フロントエンドのクライアントコンポーネント、および、Cloud Run のバックエンドサービスから Cloud Storage にアクセスする方法を理解する必要があります。これについては、実際のコードを見ながら解説を進めます。

ここでは、アプリケーションのコードを一から実装するのではなく、GitHub のリポジトリからクローンしたものをコピーして利用します。開発用仮想マシンのコマンド端末から、次のコマンドを実行して、$HOME/SmartDrive 以下に完成済みのアプリケーションのコードをコピーします。

```
cp -a $HOME/genAI_book/SmartDrive $HOME/
```

バックエンドの実装確認とデプロイ

はじめに、バックエンドの実装を確認します。バックエンドのコードがあるディレクトリをカレントディレクトリに変更します。

```
cd $HOME/SmartDrive/backend
```

　これ以降は、$HOME/SmartDrive/backendをカレントディレクトリとして作業を進めます。
作成するファイルのファイル名は、このディレクトリを起点とするパスで表示します。バッ
クエンドの本体はファイルmain.pyですが、少し長いコードなのでパートを分けて説明します。
まず、次はコードの先頭部分（モジュールのインポート処理の直後）です。

main.py（抜粋）

```
12  storage_client = storage.Client()
13  llm = VertexAI(
14      model_name='text-bison@002', location='asia-northeast1',
15      temperature=0.1, max_output_tokens=1024)
16  app = Flask(__name__)
17
18  # This is to preload the tokenizer module
19  qa_chain = load_qa_chain(llm, chain_type='map_reduce')
20  qa_document_chain = AnalyzeDocumentChain(combine_docs_chain=qa_chain)
21  _ = qa_document_chain.invoke(
22          {'input_document': 'I am feeling good.', 'question': 'How are you?'})
23
24
25  def download_from_gcs(bucket_name, filepath, filename):
26      bucket = storage_client.bucket(bucket_name)
27      blob = bucket.blob(filepath)
28      blob.download_to_filename(filename)
29
30
31  def upload_to_gcs(bucket_name, filepath, filename):
32      bucket = storage_client.bucket(bucket_name)
33      blob = bucket.blob(filepath)
34      blob.upload_from_filename(filename)
```

　12行目でCloud Storageを利用するためのクライアントオブジェクトを取得しており、こ
れを用いて、Cloud Storageのファイルにアクセスします。25～28行目、および、31～34行
目の関数download_from_gcs()、および、upload_to_gcs()は、それぞれファイルをダウン
ロード、および、アップロードする補助関数です。いずれも、bucket_name、filepathに
Cloud Storageのバケット名とバケット内のファイルパス、filenameにローカルのファイル
パスを指定します。たとえば、download_from_gcs()では、26行目でバケットを表すオブジェ
クトを取得して、さらに、27行目でCloud Storage上のファイルを表すオブジェクトを取得
しています。後は、このオブジェクトのメソッドdownload_to_filename()で、ファイルが
ダウンロードできます。アップロードの場合は、34行目のように、メソッドupload_from_

filename() を使用します。

　また、13～15行目で LangChain から PaLM API を使用するためのクライアントオブジェクトを取得していますが、その直後の19～22行目で、ダミーのテキストを用いて qa_document_chain() を実行しています。一見すると意味のない処理ですが、これはバックエンドを実行する Web サーバーである gunicorn の仕組みと関係があります（コラム「gunicorn のワーカーとスレッドの関係」も参照）。LangChain の仕様として、qa_document_chain() を最初に実行したタイミングで、内部的に使用するトークナイザー（テキストをトークンに分割するライブラリ）がダウンロードされます。19～22行目がなかった場合、複数のリクエストが同時に来ると、タイミングによっては、それぞれのハンドラー関数で同時にトークナイザーがダウンロードされることがあり、これに起因して、qa_document_chain() が正常に動作しない場合があります。19～22行目をあらかじめ実行しておくことで、それぞれのスレッドがハンドラー関数を実行する際は、トークナイザーのダウンロードが確実に終わっていることが保証できます[注42]。

COLUMN

gunicorn のワーカーとスレッドの関係

　バックエンドのコンテナイメージをビルドする際に使用する Dockerfile の最後の行に、次のような記述があります。これは、gunicorn を起動する際のワーカー数（オプション--workers）とスレッド数（オプション--threads）の設定に関するコメントです。

```
# Set the number of workers to be equal to the cores available
CMD exec gunicorn --bind :$PORT --workers 1 --threads 8 --timeout 0 main:app
```

　まず、ワーカー数は、Web サーバーの機能を提供するプロセス数にあたります。1つのプロセスは1つの CPU コアを使用するので、CPU コア数を超えるワーカーを起動しても、CPU 処理時間を奪い合うだけで処理性能は向上しません。Cloud Run のサービスが稼働するコンテナは、デフォルトでは CPU コアが1つ割り当てられるので、ワーカー数は1に設定します。

　ただし、ワーカーが1つでも、複数のリクエストを同時に処理しないわけではありません。あるリクエストを処理している途中に、ディスク I/O などの待ち時間が発生することがあります。この時間を使って他のリクエストを処理することで、全体的な処理性能が向上します。gunicorn は、Python のスレッド機能を使ってこれを実現しており、同時に処理するリクエストの最大数が上記のスレッド数の設定です。

注42　トークナイザーのダウンロードに起因する問題は、本書で使用するバージョンの LangChain では発生しないように修正されていますが、念のために 19～22行目の処理を残してあります。

　実際の動作としては、最初のリクエストを処理するタイミングでmain.pyのコード全体が実行されて、さまざまな変数の初期化が行われた後に、リクエストハンドラーの関数が定義されます。この後は、リクエストごとにハンドラー関数が実行されます。したがって、事前に１回だけ実行しておけばよい処理（リクエストごとに実行する必要のない処理）は、ハンドラー関数の外部で実行しておくことで、リクエスト処理の無駄が減らせます。

続いて、リクエストを処理するハンドラー関数の前半部分です。

main.py（抜粋）

```
37  # This handler is triggered by storage events
38  @app.route('/api/post', methods=['POST'])
39  def process_event():
40      event = from_http(request.headers, request.data)
41      event_id = event['id']
42      bucket_name = event.data['bucket']
43      filepath = event.data['name']
44      filesize = int(event.data['size'])
45      content_type = event.data['contentType']
46      print('{} - Uploaded file: {}'.format(event_id, filepath))
47
48      # Check if the file is pdf
49      if content_type != 'application/pdf':
50          print('{} - {} is not a pdf file.'.format(event_id, filepath))
51          return ('This is not a pdf file.', 200)
52
53      # Limit the file size <= 10MB
54      if filesize > 1024*1024*10:
55          print('{} - {} is too large.'.format(event_id, filepath))
56          return ('File is too large.', 200)
57
58      # Construct a new filename for summary text
59      directory = os.path.dirname(filepath)
60      filename = os.path.basename(filepath)
61      filename_body, _ = os.path.splitext(filename)
62      new_filepath = os.path.join(
63          directory, 'summary', filename_body + '.txt')
```

　「4.2.1　Eventarcによるイベント連携」－「バックエンドの実装とデプロイ」で説明した方法で、イベントに含まれる情報を取り出して（40〜45行目）、アップロードされたファイルがPDFファイルであるかの確認（49〜51行目）と、ファイルサイズが10MBを超えていないことの確認（54〜56行目）をしています。それぞれ、条件に合わない場合はその時点で処理を終了します。細かい点ですが、44行目でファイルサイズの情報を整数型に変換している

点に注意してください。変数 event、および、event.data に含まれるデータは、すべて文字列型なので、数値データとして処理する際は型の変換が必要です。

　ここで、ファイルサイズを 10MB 以下に制限している理由を簡単に説明します。この後のコードで、対象の PDF ファイルをローカルにダウンロードしますが、Cloud Run のサービスが稼働するコンテナ内のローカルディスクは、コンテナのメモリを使用した RAM ディスクになっています。そのため大きなサイズの PDF ファイルをダウンロードすると、コンテナのメモリが不足して問題が起きる可能性があります。コンテナに割り当てるメモリをデフォルトの 512MB より増やすなどの対応も可能ですが、ここでは簡単のために、このような仕様にしてあります。コラム「gunicorn のワーカーとスレッドの関係」で見たように、同時処理数は最大 8 スレッドに設定されているので、PDF ファイルの保存に使われるメモリは最大で 80MB になります。

　最後に、59〜63 行目では、要約を書き込んだテキストファイルのファイルパスを構成しています。Firebase のユーザー認証機能を利用して、ユーザーごとにバケット内での保存場所を分ける想定で、ユーザーがアップロードした PDF ファイルは、フォルダー/[User ID] に保存します。[User ID] は Firebase がユーザーごとに割り当てる固有のユーザー ID です。そして、対応する要約テキストは、フォルダー/[User ID]/summary に保存します。ファイル名は元の PDF と同じで、拡張子を .txt に変更します。

　ハンドラー関数の残りの部分は、次になります。PDF ファイルをダウンロードして、LangChain と PaLM API で要約テキストを生成します。

main.py（抜粋）

```
65    # Generate a summary of pdf
66    try:
67        with tempfile.TemporaryDirectory() as temp_dir:
68            local_filepath = os.path.join(temp_dir, filename)
69            download_from_gcs(bucket_name, filepath, local_filepath)
70            pages = PyPDFLoader(local_filepath).load()
71            document = ''
72            for page in pages[:20]: # Limit the number of page
73                document += page.page_content
74    except Exception as e:
75        print('{} - {} is not accessible.'.format(event_id, filepath))
76        print('Error message: {}'.format(e))
77        return ('File is not accessible.', 200)
78
79    text_splitter = RecursiveCharacterTextSplitter(
80        chunk_size=4000, chunk_overlap=200)
81    qa_chain = load_qa_chain(llm, chain_type='map_reduce')
82    qa_document_chain = AnalyzeDocumentChain(
83        combine_docs_chain=qa_chain, text_splitter=text_splitter)
84
```

```
85    prompt = '何についての文書ですか？日本語で200字程度にまとめて教えてください。'
86    description = qa_document_chain.invoke(
87        {'input_document': document, 'question': prompt})['output_text']
88
89    print('{} - Description of {}: {}'.format(event_id, filename, description))
90    with tempfile.NamedTemporaryFile() as tmp_file:
91        with open(tmp_file.name, 'w') as f:
92            f.write(description)
93        upload_to_gcs(bucket_name, new_filepath, tmp_file.name)
94
95    return ('Succeeded.', 200)
```

　この部分は、基本的には、「4.1.2　PDF文書の要約」でノートブック上で確認した手順と同じです。コンテナ内でファイルを扱う際は、ファイルのゴミが残らないように、Pythonのtempfileモジュールでテンポラリディレクトリやテンポラリファイルを使用するのが原則ですが、ここでもそれに従っています。また、Eventarcによるイベント処理は非同期に行われるので、バックエンドにリクエストが届いたときに、該当のファイルがすでに削除されている可能性もあります。そのための例外処理も加えてあります。

　そのほかに、ノートブックでの実装と異なる点がもう1つあります。70行目でPDFファイルをページごとに分割したリストを取得していますが、72行目で、先頭の20ページ分のテキストだけを取り出しています。この要約処理は、長いテキストを複数のチャンクに分割して処理するため、テキストの長さに応じて処理時間も長くなります。ほとんどのドキュメントは、先頭の20ページを見れば何についての文書かわかるだろうという想定の下に、処理時間が長くなりすぎないように、先頭の20ページにデータを制限しています。

　これでバックエンドのコードが理解できたので、コンテナイメージをビルドして、Cloud Runのサービスとしてデプロイしておきましょう。まず、次のコマンドで、コンテナイメージをビルドします。これまでと同様に、「2.5.2　Cloud Buildによるコンテナイメージ作成」-「コンテナイメージの作成」で作成したリポジトリにイメージを保存します。

```
REPO=asia-northeast1-docker.pkg.dev/$GOOGLE_CLOUD_PROJECT/container-image-repo
gcloud builds submit . --tag $REPO/pdf-summary-service
```

　次に、Cloud Runのサービスとしてデプロイしますが、このバックエンドは、Cloud Storageにアクセスするので、バックエンドサービスを実行するサービスアカウントllm-app-backendに権限を追加する必要があります。次のコマンドで、Cloud Storageにファイルを読み書きする権限を持ったロールを割り当てます。

```
SERVICE_ACCOUNT=llm-app-backend@$GOOGLE_CLOUD_PROJECT.iam.gserviceaccount.com
gcloud projects add-iam-policy-binding $GOOGLE_CLOUD_PROJECT \
```

151

```
  --member serviceAccount:$SERVICE_ACCOUNT \
  --role roles/storage.objectUser
```

　ロールの追加が反映されるまで少し時間がかかることがあるので、1分程度待ってから次の作業に進んでください。次は、このサービスアカウントを用いて、Cloud Run のサービスとしてデプロイします。

```
SERVICE_ACCOUNT=llm-app-backend@$GOOGLE_CLOUD_PROJECT.iam.gserviceaccount.com
gcloud run deploy pdf-summary-service \
  --image $REPO/pdf-summary-service \
  --service-account $SERVICE_ACCOUNT \
  --region asia-northeast1 --no-allow-unauthenticated \
  --cpu 1 --memory 512Mi --concurrency 8
```

　ここで、最後の行のオプションに注意してください。先に説明したように、このバックエンドは、メモリの使用量や処理時間に注意を払う必要があります。そこで、このサービスが使用するコンテナに割り当てる CPU コア数（オプション --cpu）とメモリ容量（オプション --memory）、そして、最大の同時リクエスト送信数（オプション --concurrency）を明示的に指定しています。CPU コア数（1 コア）とメモリ容量（512MB）はデフォルトと同じですが、同時リクエスト送信数はデフォルトの 80 から大きく減らしています[43]。1 つのリクエストの処理時間が長くなる可能性があるので、なるべく複数のコンテナに分散するようにしています[44]。

Eventarc の設定

　バックエンドがデプロイできたので、Eventarc のトリガーを設定します。サービスアカウントの権限設定は、「4.2.1　Eventarc によるイベント連携」で行っているので、ここでは、作成済みのサービスアカウント eventarc-trigger を用いてトリガーを設定します。トリガー名は、trigger-pdf-summary-service にします。

```
SERVICE_ACCOUNT=eventarc-trigger@$GOOGLE_CLOUD_PROJECT.iam.gserviceaccount.com
gcloud eventarc triggers create trigger-pdf-summary-service \
  --destination-run-service pdf-summary-service \
  --destination-run-region asia-northeast1 \
  --location asia-northeast1 \
  --event-filters "type=google.cloud.storage.object.v1.finalized" \
```

注43 gunicorn のスレッド数が 8 なので、1 つのコンテナにこれを超える数のリクエストが同時に来ると、残りのリクエストは処理待ち状態になります。

注44 Cloud Run は、コンテナの CPU 使用率などに応じてオートスケールするので、オプション --concurrency で指定したリクエスト数に到達する前に新しいコンテナに振り分けられる場合もあります。

```
--event-filters "bucket=$GOOGLE_CLOUD_PROJECT.appspot.com" \
--service-account $SERVICE_ACCOUNT \
--destination-run-path /api/post
```

　作成したトリガーが有効になるまで時間がかかることがあるので、2分以上待ってから次の操作に進んでください[45]。次に、このトリガーに対するイベント処理のタイムアウト時間を変更します。Eventarcのイベントは、メッセージングサービスであるPub/Subのメッセージキューに保存されており、Cloud Runのサービスによる処理が所定の時間内に終わらないとタイムアウトして、同じリクエストが再送されます。このタイムアウト時間はデフォルトでは10秒ですが、今回のテキスト要約処理は10秒で終わらない可能性がありますので、余裕を持って300秒に変更します。これは、次のコマンドで行います。

```
TRIGGER=trigger-pdf-summary-service
SUBSCRIPTION=$(gcloud pubsub subscriptions list --format json \
 | jq -r '.[].name' | grep $TRIGGER)
gcloud pubsub subscriptions update $SUBSCRIPTION --ack-deadline=300
```

　最初のコマンドで環境変数TRIGGERにトリガー名をセットして、これに対応するPub/Subのサブスクリプション名を2つ目のコマンドで取得しています。最後のコマンドで、サブスクリプションに設定されたタイムアウト時間を300秒に変更します。Pub/Subのサブスクリプションについては、「1.1.2　本書で使用する主なサービス」ー「EventarcとPub/Sub」の説明を参考にしてください。

　ここで、Eventarcと先ほどデプロイしたバックエンドサービスの連携について動作確認を行います。次のコマンドを実行して、「インターネットの安全・安心ハンドブック」のPDFファイルをCloud Storageにアップロードします。

```
gsutil cp $HOME/genAI_book/PDF/handbook-prologue.pdf \
  gs://$GOOGLE_CLOUD_PROJECT.appspot.com/test/handbook-prologue.pdf
```

　クラウドコンソールのナビゲーションメニューで「Cloud Run」を選択して、Cloud Runのサービス一覧からpdf-summary-serviceを選択した後、画面上部の［ログ］のタブを選択します。バックエンドのコードが出力したログメッセージが表示されるので、1分程度待ってから下にスクロールすると、**図4-10**のような内容が確認できます。メッセージの先頭には、それぞれのイベントに固有のイベントIDを付与してあり、ここでは、2つのイベントを処理していることがわかります。

注45 次に行うタイムアウト時間の変更をトリガーが有効になる前に実行すると、設定したタイムアウト時間が正しく反映されない場合があるので、特に注意してください。

図4-10　バックエンドサービスのログ出力

```
10167593651654093 - Uploaded file: test/handbook-prologue.pdf
10167593651654093 - Description of handbook-prologue.pdf:  この文書は、インターネットを利用する際に注意すべきリスクやトラブル、…
POST  200  675 B  6 ms  APIs-Google; (+https://developers.goo…    https://pdf-summary-service-nnzuaztkya-an.a.run.app/…
10167466713694897 - Uploaded file: test/summary/handbook-prologue.txt
10167466713694897 - test/summary/handbook-prologue.txt is not a pdf file.
```

　1つ目は、Cloud Storage のバケットにアップロードしたファイル /test/handbook-prologue.pdf の要約テキストを生成するものです。生成したテキストは、ファイル /test/summary/handbook-prologue.txt として同じバケットに保存されます。このテキストファイルが保存されたことにより、2つ目のイベントが発生しています。アップロードされたファイルが PDF ファイルではないので、こちらは何もせずに処理を終了しています。クラウドコンソールのナビゲーションメニューで「Cloud Storage」→「バケット」を選択すると、バケットの一覧が表示されます。[Project ID].appspot.com をクリックして内容を確認すると、上記のファイルが保存されていることがわかります。なお、この画面で不要なファイルを削除することもできます。対象のファイルをチェックして、[削除]をクリックします。

フロントエンドのデプロイ

　バックエンドの仕組みができたので、これを利用したフロントエンドのアプリケーションをデプロイします。まず、フロントエンドのコードがあるディレクトリをカレントディレクトリに変更します。

```
cd $HOME/SmartDrive/src
```

　これ以降は、$HOME/SmartDrive/src をカレントディレクトリとして作業を進めます。作成するファイルのファイル名は、このディレクトリを起点とするパスで表示します。はじめに、ブラウザで稼働するフロントエンドのコードから Cloud Storage にアクセスするためのセキュリティ設定を行います。ここでは、2つの設定が必要です。1つ目は、Cloud Storage そのものに対して、外部ドメインからのアクセスを許可する設定です。次の内容の設定ファイル cors.json が用意されています。

cors.json

```
[
  {
    "origin": ["*"],
    "method": ["GET"]
  }
```

```
]
```

　ここでは、任意のドメインからの読み込みを許可しています。次のコマンドを実行して、この設定をバケット[Project ID].appspot.comに適用します。

```
gsutil cors set cors.json gs://$GOOGLE_CLOUD_PROJECT.appspot.com
```

　ただし、この設定をしたからといって、任意のクライアントが自由にアクセスできるわけではありません。Firebaseの認証機能で許可されたユーザーだけがアクセスできます。このアクセス設定は、Firebaseコンソールから行います。Firebaseコンソールのトップ画面（https://console.firebase.google.com）を開くと、プロジェクトの一覧が表示されるので、今回使用しているプロジェクトをクリックして、プロジェクトの管理画面を開きます。左のメニューから「構築」→「Storage」を選択すると**図4-11**の画面が表示されるので、［始める］をクリックします。

図4-11　「構築」→「Storage」を選択して［始める］をクリック

　図4-12の設定画面が表示されるので、「本番環境モードで開始する」が選ばれた状態のまま［次へ］をクリックします。次は、**図4-13**の設定画面が表示されますが、Cloud Storageのロケーションとして、「2.3.1　Firebaseへのプロジェクト登録」で設定した「asia-northeast1」が選択されているので、このまま［完了］をクリックします。この後、「デフォルトバケットを作成しています」というメッセージが表示されますが、実際には、すでに作成済みの[Project ID].appspot.comがデフォルトバケットになります。

図 **4-12**　「本番環境モードで開始する」で［次へ］をクリック

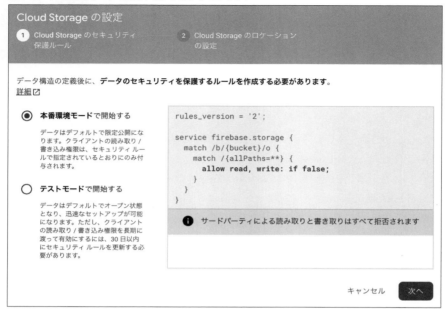

図 **4-13**　「asia-northeast1」のまま［完了］をクリック

　続いて、Storage の管理画面が表示されるので、上部の［ルール］タブをクリックします。図 **4-14** の画面が表示されるので、ここにアクセス設定の内容をテキストで記述します。今回は、ファイル storage.rules に下記の内容が用意されているので、この内容をコピーして、［公開］をクリックします。ここでは、フォルダー/[User ID] 以下のサブフォルダーを含む任意のファイルについて、該当のユーザーID でログイン認証済みのクライアントからの読み書きを許可しています。

storage.rules

```
rules_version = '2';
service firebase.storage {
  match /b/{bucket}/o {
    match /{userId}/{documents=**} {
      allow read, write: if request.auth != null
                         && request.auth.uid == userId;
    }
  }
}
```

図4-14　ファイルstorage.rulesの内容をコピーして［公開］をクリック

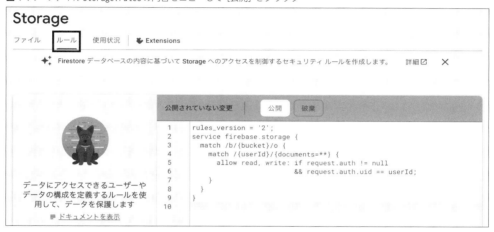

続けて、Firebaseに新しいアプリを登録します。先ほどのコンソール画面で、左のメニューにある「プロジェクトの概要」をクリックするとプロジェクト管理画面に戻るので、この後は、「3.2.3　フロントエンドの実装」−「Firebaseへのアプリケーション登録」と同様の手順で、Firebaseに新しいアプリケーションを登録して、設定ファイル.firebase.jsを作成します。この際、先頭部分に「export」を追加するのを忘れないようにしてください。なお、.firebase.jsの中に、storageBucketという設定項目があります。ここでクライアントが使用するバケットを指定しており、デフォルトでは、[Project ID].appspot.comが設定されています。

ここまでの準備ができたら、一度、ローカル環境で動作確認を行います。次のコマンドで、必要なパッケージをインストールして、開発用Webサーバーを起動します。

```
npm install
npm install firebase
npm run dev
```

　この後、ブラウザから、URL「http://JKL.GHI.DEF.ABC.bc.googleusercontent.com:3000」にアクセスして、[Sign in with Google] のログインボタンが表示された場合は、これをクリックして Google アカウントでログインします。「2.2.2　静的 Web ページ作成」で説明したように、「JKL.GHI.DEF.ABC」の部分は、開発用仮想マシンの VM インスタンスの外部 IP アドレス「ABC.DEF.GHI.JKL」を逆順に並べたものです。この後は、先に示した**図 4-6**のアプリケーションが利用できます。

　ここでは、先にテストで使用した「インターネットの安全・安心ハンドブック」のプロローグ部分の PDF ファイルをアップロードしてみます。まず、次の URL を開いて、画面右上のダウンロードボタンで該当の PDF ファイルをローカルの PC にダウンロードします**注46**。

● **インターネットの安全・安心ハンドブック（プロローグ）**
　https://github.com/google-cloud-japan/sa-ml-workshop/blob/main/genAI_
　book/PDF/handbook-prologue.pdf

　続いて、アプリの画面で [Upload PDF] をクリックして、このファイルをアップロードします。1 分程度待つと、ファイル名の頭にインフォメーションボタンが表示されるので、これをクリックすると、自動生成された要約テキストがポップアップ表示されます。このほかにも任意の PDF ファイルをアップロードして結果を確認してください。この際、ファイルサイズが 10MB を超えていると、要約テキストが生成されないので注意してください。また、1 分ごとに要約テキストの生成状況が画面に反映されるようになっていますが、[Reload] をクリックして更新することもできます。[Delete All] をクリックすると、アップロードしたファイルをまとめて削除します。これらの動作確認ができたら、[Ctrl] + [C] で開発用 Web サーバーを停止しておきます。

　この後で、これらの仕組みを実現するフロントエンドのコードの実装を説明しますが、その前に、このアプリケーションを Cloud Run のサービスとしてデプロイしておきましょう。まず、次のコマンドで、コンテナイメージをビルドします。これまでと同様に、「2.5.2 Cloud Build によるコンテナイメージ作成」-「コンテナイメージの作成」で作成したリポジトリにイメージを保存します。

```
REPO=asia-northeast1-docker.pkg.dev/$GOOGLE_CLOUD_PROJECT/container-image-repo
gcloud builds submit . --tag $REPO/smart-drive-app
```

　続いて、これまでと同じフロントエンド用のサービスアカウント llm-app-frontend を指定してデプロイします。Cloud Run のサービス名は、smart-drive-app を指定します。

注46　ダウンロードボタンについては、「3.3.1　Visual Captioning／Visual Q&A の使い方」の**図 3-22**を参照。

```
SERVICE_ACCOUNT=llm-app-frontend@$GOOGLE_CLOUD_PROJECT.iam.gserviceaccount.com
gcloud run deploy smart-drive-app \
  --image $REPO/smart-drive-app \
  --service-account $SERVICE_ACCOUNT \
  --region asia-northeast1 --allow-unauthenticated
```

デプロイが完了すると、「https://smart-drive-app-xxxxxx-an.a.run.app」という形式のURLがサービスに割り当てられて、コマンドの出力に表示されます。最後に、このURLのドメインをFirebaseの承認済みドメインに追加します。Firebaseコンソールのトップ画面（https://console.firebase.google.com）を開くと、プロジェクトの一覧が表示されるので、今回使用しているプロジェクトをクリックして、プロジェクトの管理画面を開きます。左のメニューから「構築」→「Authentication」を選択して、［設定］タブの「承認済みドメイン」をクリックします。［ドメインの追加］をクリックして、このサービスのURLのFQDN「smart-drive-app-xxxxxx-an.a.run.app」を入力して［追加］をクリックします。この後、ブラウザからこのURLにアクセスすると、アプリケーションが利用できます。テスト時と同じユーザーでログインすると、テスト時にアップロードしたファイルが残っていることが確認できるでしょう。

フロントエンドの実装確認

　それでは、フロントエンドの実装を確認します。これまでにない新しい技術要素は、Firebaseの機能を使ってクライアントからCloud Storageにアクセスする部分なので、この点を中心に解説します。具体的には、アプリケーションのコンポーネントを定義したcomponents/SmartDrive.jsのコードを見ていきます。まず、次は、Cloud Storageのバケットに保存されたファイルの一覧を取得する部分です。

components/SmartDrive.js（抜粋）

```
1  import { useState, useEffect, useRef } from "react";
2  import { auth } from "lib/firebase";
3  import { getStorage, ref, listAll, getBlob,
4          uploadBytes, deleteObject } from "firebase/storage";
5
6  export default function SmartDrive() {
   ...（中略）...
27   const getFileList = async () => {
28     const storage = getStorage();
29     const uid = auth.currentUser.uid;
30     let listRef = ref(storage, uid + "/summary");
31     let res = await listAll(listRef);
32     const summaryList = [];
33     for (let item of res.items) {
```

```
34        summaryList.push(item.name.replace(/(.txt$)/, ".pdf"));
35      }
36
37    listRef = ref(storage, uid);
38    res = await listAll(listRef);
39    const newFileList = [];
40    for (let item of res.items) {
41      let summary = false;
42      if (summaryList.includes(item.name)) {
43        summary = true;
44      }
45      newFileList.push({filename: item.name, summary: summary});
46    }
47    setFileList(newFileList);
48  };
```

　はじめに、3〜4行目でCloud Storageを利用するためのモジュールをインポートしています。そして、27〜48行目の関数getFileList()がファイル一覧を取得する関数です。28行目でストレージを扱うオブジェクトを取得して、30行目でバケット内のフォルダー/[User ID]/summaryを表すオブジェクトを取得しています。対象となるバケットは設定ファイル.firebase.jsで指定されているので、コード内ではバケットの指定は行いません。そして、31行目で、このオブジェクトが示すフォルダー内のファイル一覧のオブジェクトresを取得します。配列res.items内には、個々のファイルの情報を表すオブジェクトitemが収められており、特に、item.nameでファイル名が取得できます。

　33〜35行目のループでは、フォルダー/[User ID]/summary内の要約テキストのファイル名を対応するPDFファイルのファイル名に変換して、配列summaryListに保存しています。これは、要約テキストが存在するPDFファイルの一覧になります。これと同様に、37〜45行目では、フォルダー/[User ID]内にあるPDFファイルの一覧を取得して、対応する要約ファイルの存在を示すブール値とセットで配列newFileListに格納しています。

　続いて、ファイルを削除する部分は、次になります。

components/SmartDrive.js（抜粋）

```
50    const deleteFiles = async () => {
51      setButtonDisabled(true);
52      setFileList([{filename: "Removing...", summary: false}]);
53      const storage = getStorage();
54      const uid = auth.currentUser.uid;
55
56      const results = [];
57      let listRef = ref(storage, uid + "/summary");
58      let res = await listAll(listRef);
59      for (let item of res.items) {
```

```
60      results.push(deleteObject(item));
61    }
62    listRef = ref(storage, uid);
63    res = await listAll(listRef);
64    for (let item of res.items) {
65      results.push(deleteObject(item));
66    }
67    await Promise.all(results);
68    await getFileList();
69    setButtonDisabled(false);
70  };
```

　関数deleteFiles()は、該当のユーザーがアップロードしたファイルをまとめて削除します。57〜58行目で、フォルダー/[User ID]/summary内のファイル一覧を表すオブジェクトを取得して、59〜61行目のループで、そこに含まれる個々のファイルitemを削除する関数deleteObject(item)を実行して、その返り値を配列resultsに格納しています。同様に、62〜66行目では、フォルダー/[User ID]内のファイルに対して同じ処理を行います。これらの削除関数は非同期関数なので、バックグラウンドで並列に処理が行われます。67行目で、これらがすべて完了するのを待ってから次の処理へ進みます。

　次は、要約テキストのファイルをダウンロードして、ファイル内のテキストを取得・表示する関数showSummary()です。

components/SmartDrive.js（抜粋）

```
72  const showSummary = async (filename) => {
73    setPopupText("Loading...");
74    setShowPopup(true);
75    const storage = getStorage();
76    const uid = auth.currentUser.uid;
77    const filepath = uid + "/summary/" + filename.replace(/(.pdf$)/, ".txt");
78    const summaryBlob = await getBlob(ref(storage, filepath));
79    let summaryText = await summaryBlob.text();
80    if (summaryText.length > 650) {
81      summaryText = summaryText.substring(0, 650) + "..."
82    }
83    setPopupText(summaryText);
84  };
```

　78行目では、該当のファイルを表すオブジェクトref(storage, filepath)を引数として、関数getBlob()を実行することで、このファイルをBlobオブジェクトとしてダウンロードしています。79行目では、得られたオブジェクトのtext()メソッドでファイル内のテキストを取り出しています。

　最後に、[Upload PDF]をクリックした後に、選択したPDFファイルをアップロードす

る関数です。

components/SmartDrive.js（抜粋）

```
87    const onFileInputChange = async (evt) => {
88      setButtonDisabled(true);
89      const pdfBlob = evt.target.files[0];
90      const storage = getStorage();
91      const uid = auth.currentUser.uid;
92      const storageRef = ref(storage, uid + "/" + pdfBlob.name);
93      await uploadBytes(storageRef, pdfBlob)
94      await getFileList();
95      setButtonDisabled(false);
96    };
```

　まず、89行目でローカルのPCからPDFファイルをBlob形式で受け取り、92行目でアップロード先のCloud Storage上のファイルを表すオブジェクトを作成します。そして、93行目の関数uploadBytes()により、PDFファイルのデータを指定のファイルとしてアップロードします。

　これで、フロントエンドのコードから、Cloud Storageにアクセスする方法がひととおりわかりました。このほかのUIに関わる部分は、これまでに説明した内容とほとんど同じですので、実際のファイルcomponents/SmartDrive.jsを読み解いてください。なお、インフォメーションボタンの表示は、styles/global.cssで定義したCSS（circleクラス）で、丸囲み内にテキストを表示することで実現しています。

ドキュメントQAサービス

第5章のはじめに

　前章では、PDFファイルの長いテキストをLangChainで分割処理することで、要約テキストを作成するスマートドライブのアプリを作成しました。また、アプリとしては実装しませんでしたが、ノートブック上では、テキストの内容に基づいて任意の質問に答えられることも確認しました。本章では、ドキュメント検索とこの機能を組み合わせる方法を考えます。ユーザーが質問を入力すると、その質問に関連が深いドキュメント、もしくは、ドキュメント内の特定のページを検索して、その部分のテキストを利用して質問に答えるという仕組みです。

　これを実現するには、「質問に関連が深いドキュメントを検索する」技術が必要になります。本章では、Vertex AIのテキストエンベディングAPIと、PostgreSQLの拡張機能であるpgvector（ベクトル近傍検索）を組み合わせてこれを実現します。具体的には、前章で作成したスマートドライブのアプリを拡張して、ユーザーがアップロードしたPDFのドキュメントに基づいて、ユーザーの質問に答えるドキュメントQAサービスの機能を追加します。

　また、Google Cloudには、LangChainやPostgreSQLなどのオープンソースを組み合わせるのではなく、これと同等の機能をマネージドサービスとして提供するVertex AI Searchが用意されています。Vertex AI Searchは、Googleの独自技術で実装されており、データベースの作成やバックエンドのデプロイといった作業なしにすぐに利用することができます。本章では、Vertex AI Searchの機能も確認します。

5.1　埋め込みベクトルによるテキスト検索

5.1.1　埋め込みベクトルの仕組み

　Vertex AIのテキストエンベディングAPIは、自然言語で書かれたテキストを768次元のベクトル値に変換します。768次元のベクトル値というのは、簡単にいうと、768個の数値が並んだリストのことですが、数学的には、768次元空間の1つの点に対応します。3次元空間の1つの点は、x、y、z座標の3つの値と1対1に対応しますが、これと同じことです。さらに、このベクトル値には、「意味が似ているテキストは、ベクトル値が近くなる」という特徴があります。つまり、テキストエンベディングAPIには、与えられたテキストを「その意味を表現したベクトル空間に埋め込む」という役割があります（**図5-1**）。テキストエンベディングAPIが生成するベクトル値を「埋め込みベクトル」、そして、このベクトルが存在する768次元空間を「埋め込みベクトル空間」と呼びます。

図5-1 テキストエンベディングAPIの役割

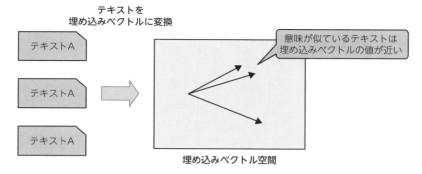

この埋め込みベクトルを利用すると、本章の冒頭で述べた、「質問に関連が深いドキュメントの検索」が可能になります。たとえば、PDFのドキュメントをページごとに分割して、それぞれのページの内容を事前に埋め込みベクトルに変換しておきます。そして、質問文が与えられた際に、この質問文も埋め込みベクトルに変換したうえで、埋め込みベクトルの値が近いページを検索します。検索で見つかったページの内容を利用すれば、質問文の適切な回答が得られると期待できます。

この際、「質問文に対応する埋め込みベクトルは、あくまでも『質問の意味』を表すもので、『質問の回答を含むテキスト』の埋め込みベクトルと値が近いとは限らないのでは？」と考えるかもしれませんが、その点は心配いりません。Vertex AIのテキストエンベディングAPIには、一般的なテキストを埋め込みベクトルに変換する機能とは別に、質問文を埋め込みベクトルに変換する機能が用意されており、これを利用すると、「質問の回答として期待されるテキスト」に近い埋め込みベクトルが生成できます。

それでは、値が近い埋め込みベクトルを検索するには、どのような方法があるのでしょうか？ここでは、オープンソースのデータベースであるPostgreSQLを利用します。PostgreSQLには、ベクトル近傍検索の機能を提供する拡張機能モジュールpgvectorが用意されており、これを利用すると埋め込みベクトルの値をテーブルのカラムに保存しておき、ベクトル値が近いレコードをソートして検索できます。通常のWHERE句と組み合わせれば、特定の条件を満たすレコードに限定して検索することも可能です。

たとえば、前章で作成したスマートドライブでは、ユーザーIDを用いて、ユーザーごとにアップロードしたPDFファイルが分けて管理されていました。そこで、あるユーザーがアップロードしたPDFファイルについて、ユーザーIDとセットで各ページの埋め込みベクトルをテーブルに保存すれば、特定ユーザーの質問については、そのユーザーが保存したPDFファイルだけを検索対象にできます。

5.1.2　ノートブックでのプロトタイピング

データベースの準備

　PDFのドキュメントについて、ページごとにテキストエンベディングAPIで埋め込みベクトルを生成して、PostgreSQLのテーブルに保存した後、質問に関連が深いページを検索するという、**図5-2**の流れをノートブックで試します。これを実現するには、PostgreSQLのデータベースが必要ですが、ここでは、リレーショナルデータベースのマネージドサービスであるCloud SQLを用いてPostgreSQLのインスタンスを用意します。この作業は、開発用仮想マシンのコマンド端末から実施します。

図5-2　埋め込みベクトルによるドキュメント検索の仕組み

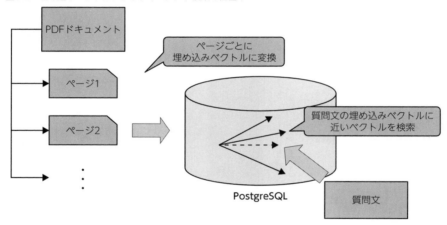

　はじめに、次のコマンドで、Cloud SQLの操作に必要となる、SQL Admin APIを有効化します。

```
gcloud services enable sqladmin.googleapis.com
```

　APIが有効化されたら、次のコマンドでPostgreSQLのインスタンスを作成します。インスタンス名はgenai-app-dbとします。オプション--root-passwordは、デフォルトで作成されるデータベースユーザーrootのパスワードを指定します。インスタンスの作成が完了するまで数分かかります。

```
gcloud sql instances create genai-app-db \
  --database-version POSTGRES_15 \
  --region asia-northeast1 --cpu 1 --memory 4GB \
```

```
--root-password genai-db-root
```

　作成したインスタンスの状態は、クラウドコンソールで確認できます。ナビゲーションメニューの「SQL」を選択するとインスタンス一覧画面が表示されるので、インスタンス名をクリックして、インスタンスの管理画面を表示します。この画面上で、インスタンスの停止や削除が行えます。

　インスタンスが作成できたら、次のコマンドでデータベースdocs_dbを作成して、データベースにアクセスするためのユーザーdb-adminを作成します。オプション --passwordで、このユーザーのパスワードを指定します。

```
gcloud sql databases create docs_db --instance genai-app-db
gcloud sql users create db-admin \
  --instance genai-app-db --password genai-db-admin
```

　続いて、作成したユーザーでデータベースに接続して、ドキュメントの情報を保存するテーブル docs_embeddingsを作成します。まず、次のコマンドで、データベースに接続します。パスワードの入力を求められるので、先ほど指定したgenai-db-adminを入力します[注47]。

```
gcloud sql connect genai-app-db \
  --user db-admin --database docs_db
```

　データベースに接続すると「docs_db=>」というプロンプトが表示されるので、次のコマンドを入力します。1つ目のコマンドでpgvectorの拡張機能を有効化して、2つ目のコマンドでテーブルを作成しています。

```
CREATE EXTENSION IF NOT EXISTS vector;
CREATE TABLE docs_embeddings(
  docid VARCHAR(1024) NOT NULL,
  uid VARCHAR(128) NOT NULL,
  filename VARCHAR(256) NOT NULL,
  page INTEGER NOT NULL,
  content TEXT NOT NULL,
  embedding vector(768) NOT NULL);
```

　最後に「exit」と入力して、データベースとの接続を解除します。作成したテーブルのそれぞれのカラムの役割は**表5-1**のようになります。ここでは、スマートドライブのアプリでCloud Storageのバケットに保存したPDFファイルを対象にしており、ファイルを保存し

注47　入力中のパスワードは画面に表示されないので、間違えないように注意して入力してください。

たユーザーのユーザーIDなどの情報を含めています。ドキュメントIDについては、"[User ID]:[バケット名]/[ファイルパス]"で決まる文字列をユニークなIDとして使用します。Cloud StorageからPDFファイルが削除された場合は、ドキュメントIDを用いて該当ファイルのレコードをまとめて削除することができます。

表5-1　埋め込みベクトルを保存するテーブルの構造

カラム名	役割
docid	PDFファイルのユニークなドキュメントID
uid	PDFファイルを保存したユーザーのユーザーID
filename	ファイル名
page	ページ番号
content	該当ページのテキスト
embedding	埋め込みベクトル

テキストエンベディングAPIの利用

　ここでは、ノートブック上でテキストエンベディングAPIを試してみます。「3.1.2 Python SDKによるPaLM APIの利用」-「Vertex AI Workbenchの環境準備」の手順に従って新しいノートブックを用意して、次のコマンドをノートブックで実行していきます。また、ここで実行するものと同じ内容のノートブックが、本書のGitHubリポジトリにも用意してあります[48]。GitHubのWebサイト上で、フォルダー「genAI_book/Notebooks」内の「Document QA.ipynb」を選択すると内容が確認できます。

　はじめに、LangChain、PDFの取り扱いに必要なライブラリパッケージ、そして、Cloud SQLのPostgreSQLインスタンスにアクセスするためのライブラリパッケージをインストールします。

```
1  !pip install --user \
2    langchain==0.1.0 transformers==4.36.0 \
3    pypdf==3.17.0 cryptography==42.0.4 \
4    pg8000==1.30.4 cloud-sql-python-connector[pg8000]==1.7.0 \
5    langchain-google-vertexai==0.0.5 \
6    google-cloud-aiplatform==1.39.0
```

　ライブラリをインストールした直後は、一度、ノートブックのカーネルを再起動する必要があります。「4.1.1　LangChain入門」の**図4-1**にある再起動ボタンをクリックして、カーネルを再起動します。

　テキストエンベディングAPIでも、PaLM APIと同様に使用するモデルが選択できます。ここでは、多言語に対応したtextembedding-gecko-multilingual@001を選択します。

注48 https://github.com/google-cloud-japan/sa-ml-workshop

```
1  from langchain_google_vertexai.embeddings import VertexAIEmbeddings
2  embeddings = VertexAIEmbeddings(
3      model_name='textembedding-gecko-multilingual@001',
4      location='asia-northeast1')
5  embedding_vectors = embeddings.embed_documents(['今日は快晴です。'])
```

　2〜4行目でテキストエンベディングAPIのクライアントオブジェクトを取得しており、5行目では、これを用いて「今日は快晴です。」というテキストの埋め込みベクトルを生成しています。クライアントオブジェクトのembed_documents()メソッドは、複数のテキストを含んだリストを受け取って、それぞれのテキストに対する埋め込みベクトルをバッチで生成します。ここでは、テキストが1つだけのリストを渡しているので、埋め込みベクトルが1つだけのリストが返ります。得られたリストのサイズを確認してみましょう。

```
len(embedding_vectors), len(embedding_vectors[0])
```

　結果は次になります。768次元の埋め込みベクトルが1つ得られたことがわかります。

```
(1, 768)
```

　埋め込みベクトルの値を確認します。すべてを表示すると長くなるので、ここでは、先頭の5個の値を表示します。

```
embedding_vectors[0][:5]
```

　結果は次のようになります。浮動小数点の値を持つベクトルだとわかります。

```
[0.0095707131549716,
 -0.02757399156689644,
 0.0025982840452343225,
 0.042188193649053574,
 -0.09588668495416641]
```

PDF ドキュメントのデータベース保存

　テキストエンベディングAPIで埋め込みベクトルが生成できることがわかったので、次は、PDFのドキュメントから、ページごとの埋め込みベクトルを生成して、先ほど用意したデータベースのテーブルに保存します。ここでは、デジタル庁が一般公開している「アジャイル

開発実践ガイドブック[注49]」の PDF ファイルを使用します。次のコマンドで、PDF ファイル
をダウンロードします。

```
1  base_url = 'https://raw.githubusercontent.com/google-cloud-japan/sa-ml-workshop/main'
2  !wget -q $base_url/genAI_book/PDF/agile-guidebook.pdf
```

　PDF ファイルの内容をページごとに分割して、それぞれのページの埋め込みベク
トルを生成します。PDF ファイルの読み込みとページ分割には、これまでと同じく、
PyPDFLoader モジュールを使用します。

```
1  from langchain_community.document_loaders import PyPDFLoader
2  pages = PyPDFLoader('agile-guidebook.pdf').load()
3  page_contents = [page.page_content for page in pages]
4  embedding_vectors = embeddings.embed_documents(page_contents)
```

　2 行目で PDF ファイルを読み込むと、変数 pages には、ページごとの情報を含んだリスト
が用意されました。3 行目では、これを各ページのテキストを取り出したリストに変換して
います。これをクライアントオブジェクトのメソッド embed_documents() に渡すことで、各
ページの埋め込みベクトルのリストが得られます。念のため、得られたリストのサイズを確
認しておきます。

```
len(embedding_vectors), len(embedding_vectors[0])
```

　結果は次になります。先ほどのドキュメントは 37 ページありましたので、37 個の埋め込
みベクトルが得られました。

```
(37, 768)
```

　これをデータベースのテーブルに保存するために、データベースにアクセスするための準
備作業を行います。ここでは、オープンソースの SQLAlchemy と pg8000、および、Google
提供の「Cloud SQL 言語コネクタ」を組み合わせて利用します。SQLAlchemy と pg8000 は、
Python のコードから PostgreSQL にクエリーを発行するためのインターフェースを提供し
ます。そして、Cloud SQL のインスタンスと実際に通信を行う部分は、Cloud SQL 言語コ
ネクタが担当します。これは、サービスアカウントによる認証と通信の暗号化を自動的に行
います。まず、次のコードで Cloud SQL のインスタンスに接続するためのコネクションプー

注49　https://www.digital.go.jp/resources/standard_guidelines

ルを用意します。

```
1  import google.auth
2  import sqlalchemy
3  from google.cloud.sql.connector import Connector
4
5  _, project_id = google.auth.default()
6  region = 'asia-northeast1'
7  instance_name = 'genai-app-db'
8  INSTANCE_CONNECTION_NAME = '{}:{}:{}'.format(
9      project_id, region, instance_name)
10 DB_USER = 'db-admin'
11 DB_PASS = 'genai-db-admin'
12 DB_NAME = 'docs_db'
13
14 connector = Connector()
15
16 def getconn():
17     return connector.connect(
18         INSTANCE_CONNECTION_NAME, 'pg8000',
19         user=DB_USER, password=DB_PASS, db=DB_NAME)
20
21 pool = sqlalchemy.create_engine('postgresql+pg8000://', creator=getconn)
```

　少し長いコードですが、この部分は、定型のテンプレートと考えておけば大丈夫です。
Cloud SQLのインスタンスのリージョンとインスタンス名（6〜7行目）、および、データベー
スに接続するユーザーとパスワード、接続先のデータベース名（10〜12行目）は、環境に応
じて書き換えて利用します。このコネクションプールを用いてデータベースにクエリーを発
行する部分は、SQLAlchemyの標準的なコードが利用できます。ここでは、埋め込みベク
トルをデータベースから削除、および、データベースに保存する関数を次のように定義します。

```
1  def delete_doc(docid):
2      with pool.connect() as db_conn:
3          delete_stmt = sqlalchemy.text(
4              'DELETE FROM docs_embeddings WHERE docid=:docid;'
5          )
6          parameters = {'docid': docid}
7          db_conn.execute(delete_stmt, parameters=parameters)
8          db_conn.commit()
9
10 def insert_doc(docid, uid, filename, page, content, embedding_vector):
11     with pool.connect() as db_conn:
12         insert_stmt = sqlalchemy.text(
13             'INSERT INTO docs_embeddings \
```

```
14              (docid, uid, filename, page, content, embedding) \
15              VALUES (:docid, :uid, :filename, :page, :content, :embedding);'
16      )
17      parameters = {
18          'docid': docid,
19          'uid': uid,
20          'filename': filename,
21          'page': page,
22          'content': content,
23          'embedding': embedding_vector
24      }
25      db_conn.execute(insert_stmt, parameters=parameters)
26      db_conn.commit()
```

　関数delete_doc()は、引数docidに指定したドキュメントIDのレコードをまとめて削除します。ドキュメントIDはPDFファイルごとに決まるので、あるPDFファイルがCloud Storageから削除された場合は、この関数を用いて、対応するレコードをまとめて削除できます。一方、関数insert_doc()は、先の**表5-1**に示したカラムの情報を受け取り、対応するレコードを追加します。Cloud Storageに新しいPDFファイルが保存された際は、PDFドキュメントのページごとに、この関数を実行します。

　ここでは、先に用意しておいた「アジャイル開発実践ガイドブック」の情報をデータベースに保存します。ドキュメントIDとユーザーIDについては、ダミーの値を設定します。

```
1  docid = 'dummy_id'
2  uid = 'dummy_uid'
3  filename = 'agile-guidebook.pdf'
4
5  delete_doc(docid)
6  for c, embedding_vector in enumerate(embedding_vectors):
7      page = c+1
8      insert_doc(docid, uid, filename, page,
9                  page_contents[c], str(embedding_vector))
```

　同じドキュメントを繰り返し登録した場合にエラーにならないように、5行目であらかじめ既存のレコードを削除しておき、6〜9行目のループで各ページの情報を登録していきます。ページ番号は先頭ページを1とする通し番号です。pgvectorの仕様上、埋め込みベクトルを文字列型で保存する必要があるため、9行目で埋め込みベクトルの値を数値リストから文字列型に変換しています。

埋め込みベクトルの検索

　データベースに埋め込みベクトルが登録できたので、次は、検索処理を行います。先に

図5-2に示したように、質問文を埋め込みベクトルに変換して、これと値が近い埋め込みベクトルをデータベースから検索します。具体的には、次のようなコードになります。

```
1  question = 'アジャイル開発の採用に慎重になるべきケースはありますか？'
2  question_embedding = embeddings.embed_query(question)
3
4  with pool.connect() as db_conn:
5      search_stmt = sqlalchemy.text(
6          'SELECT filename, page, content, \
7                  1 - (embedding <=> :question) AS similarity \
8          FROM docs_embeddings \
9          WHERE uid=:uid \
10         ORDER BY similarity DESC LIMIT 3;'
11     )
12     parameters = {'uid': uid, 'question': str(question_embedding)}
13     results = db_conn.execute(search_stmt, parameters=parameters)
14
15 text = ''
16 source = []
17 for filename, page, content, _ in results:
18     source.append({'filename': filename, 'page': page})
19     text += content + '\n'
```

　ベクトル値の「近さ」を測る指標にはいくつかの種類があり、pgvectorでは、ユークリッド距離（<->）、内積の符号違い（<#>）、コサイン距離（<=>）の3種類の比較演算子が用意されています。いずれも値が小さいほど、ベクトルの値が近いと考えられます。どれを使用するべきかは、埋め込みベクトルの性質に依存するので一概にはいえませんが、ここでは比較的標準的なコサイン距離を使用しています。7行目では、「1 − コサイン距離」を計算していますが、これはコサイン類似度と呼ばれる値で、この値が大きいほどベクトル値が近いことになります。

　コード全体の流れは次のとおりです。1行目の質問文「アジャイル開発の採用に慎重になるべきケースはありますか？」を2行目で埋め込みベクトルに変換していますが、ここでは、メソッドembed_query()を用いています。これは質問文に特化したメソッドで、これを用いると、「5.1.1　埋め込みベクトルの仕組み」で説明したように、「質問の回答として期待されるテキスト」に近い埋め込みベクトルが得られます。6～10行目のSQL文では、指定されたユーザーIDのレコードの中で、埋め込みベクトルの値がこれに近いもののトップ3を検索して、ファイル名、ページ番号、テキスト、コサイン類似度の値を返却します。残りの15～19行目では、得られたトップ3の情報（ファイル名とページ番号）を含むリストsourceと、これらのページのテキストを連結した文字列textを用意しています。変数sourceの内容を確認してみましょう。

```
source
```

結果は次のようになります。最も関連度が高いのは、16ページ目のようです。

```
[{'filename': 'agile-guidebook.pdf', 'page': 16},
 {'filename': 'agile-guidebook.pdf', 'page': 17},
 {'filename': 'agile-guidebook.pdf', 'page': 12}]
```

該当の PDF ファイルは、次の URL を開いて、右上のダウンロードボタンからローカルの PC にダウンロードできます[注50]。

● **アジャイル開発実践ガイドブック**

https://github.com/google-cloud-japan/sa-ml-workshop/blob/main/genAI_book/PDF/agile-guidebook.pdf

先頭から16ページ目を開くと「アジャイル開発に向いている・不向きな領域」という項目があり、確かに、アジャイル開発の採用の指針が記載されています。それでは、ここで得られた情報を用いて、「アジャイル開発の採用に慎重になるべきケースはありますか？」という質問への回答を作成してみましょう。「4.1.2　PDF 文書の要約」で確認した方法を用いて、変数 text に保存されたテキストから質問への回答を生成します。

```python
 1  from langchain_google_vertexai import VertexAI
 2  from langchain.text_splitter import RecursiveCharacterTextSplitter
 3  from langchain.chains.question_answering import load_qa_chain
 4  from langchain.chains import AnalyzeDocumentChain
 5
 6  llm = VertexAI(model_name='text-bison@002', location='asia-northeast1',
 7                 temperature=0.1, max_output_tokens=256)
 8  text_splitter = RecursiveCharacterTextSplitter(
 9      chunk_size=6000, chunk_overlap=200)
10  qa_chain = load_qa_chain(llm, chain_type='refine')
11  qa_document_chain = AnalyzeDocumentChain(
12      combine_docs_chain=qa_chain, text_splitter=text_splitter)
13
14  prompt = '{} 日本語で3文程度にまとめて教えてください。'.format(question)
15  answer = qa_document_chain.invoke({'input_document': text, 'question': prompt})
16  print(answer['output_text'])
```

注50　ダウンロードボタンについては、「3.3.1　Visual Captioning / Visual Q&A の使い方」の**図3-22**を参照。

ここでは、次のような結果が得られました。

> アジャイル開発の採用に慎重になるべきケースは、大規模な情報システム、業務内容等が極めて複雑、あるいはミッションクリティカルなケースです。このような場合は、どこまでをあらかじめ詳細化するか、どの部分をアジャイルに開発するか、また、どのように品質を確保し、継続的に高めていくかといった判断が必要となります。

　この回答が適切かどうかは、人によって意見が分かれるところですが、少なくとも、先ほどのドキュメントに記載されている内容とは合致しています。このように、自然言語モデルを用いて、特定の情報源に合致した応答を生成することをグラウンディングといいます。

　これで、**図5-2**の仕組みを実現する方法が確認できました。これらをバックエンドサービスとして実装したうえで、前章のスマートドライブにドキュメントQAサービスの機能を追加してみましょう。**図5-3**のようにチャット画面で質問を入力すると、スマートドライブに保存したPDFドキュメントに基づいた回答が得られます。また、回答に用いたファイルとページ番号が情報源として表示されます。

図5-3　ドキュメントQAサービスの画面イメージ

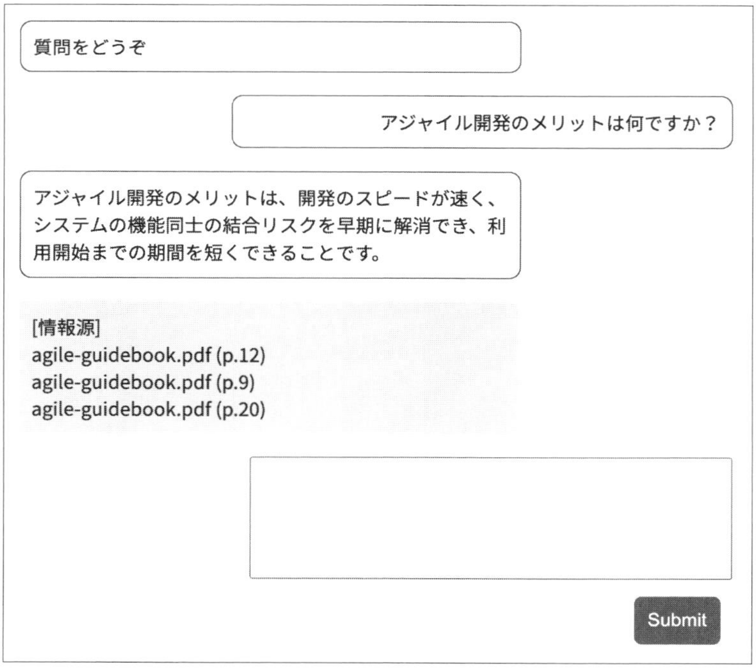

質問をどうぞ

アジャイル開発のメリットは何ですか？

アジャイル開発のメリットは、開発のスピードが速く、システムの機能同士の結合リスクを早期に解消でき、利用開始までの期間を短くできることです。

[情報源]
agile-guidebook.pdf (p.12)
agile-guidebook.pdf (p.9)
agile-guidebook.pdf (p.20)

Submit

5.2 ドキュメントQAサービスの作成

5.2.1 バックエンドの実装確認とデプロイ

　今回必要となるバックエンドの機能は、新しくアップロードされたPDFファイルの埋め込みベクトルを生成してデータベースに登録する機能と、クライアントからの質問に対する回答を生成する機能の2つです。1つ目は、スマートドライブのバックエンドと同様に、Eventarcからのリクエストで実行されます。2つ目は、クライアントからのリクエストで実行されます。これまでと同様に、Next.jsのサーバーコンポーネントがAPIゲートウェイとして、クライアントコンポーネントからのリクエストを中継する形になります。

　それぞれ、求められる性能要件が異なるため、個別のサービスとしてデプロイするのが理想ですが、ここでは、簡単のために1つのバックエンドサービスにこれらの機能をまとめて実装します。スマートドライブのバックエンドと同様に、アプリケーションのコードを一から実装するのではなく、GitHubのリポジトリからクローンしたものをコピーして利用します。開発用仮想マシンのコマンド端末から、次のコマンドを実行して、$HOME/DocumentQA以下に完成済みのアプリケーションのコードをコピーします。

```
cp -a $HOME/genAI_book/DocumentQA $HOME/
```

　まずは、バックエンドの実装を確認します。バックエンドのコードがあるディレクトリをカレントディレクトリに変更します。

```
cd $HOME/DocumentQA/backend
```

　これ以降は、$HOME/DocumentQA/backendをカレントディレクトリとして作業を進めます。作成するファイルのファイル名は、このディレクトリを起点とするパスで表示します。バックエンドの本体となるコードはmain.pyですが、ここでは、先ほどの2つの機能のそれぞれに対応したリクエストハンドラーの関数を中心に見ていきます。なお、ハンドラー関数の実装以外で注意が必要な点に、データベースへの接続に必要な情報の受け渡し方法があります。今回は、次のように実装してあります。

main.py（抜粋）

```
32  # Get environment variables
33  _, PROJECT_ID = google.auth.default()
34  DB_REGION = os.environ.get('DB_REGION', 'asia-northeast1')
```

```
35  DB_INSTANCE_NAME = os.environ.get('DB_INSTANCE_NAME', 'genai-app-db')
36  DB_USER = os.environ.get('DB_USER', 'db-admin')
37  DB_PASS = os.environ.get('DB_PASS', 'genai-db-admin')
38  DB_NAME = os.environ.get('DB_NAME', 'docs_db')
```

ノートブックで見たように、Cloud SQL のインスタンスのリージョンとインスタンス名、および、データベースに接続するユーザーとパスワード、接続先のデータベース名の情報が必要です。ここでは、環境変数からこれらの情報を取得していますが、環境変数が設定されていない場合は、ここまでの手順で用いた値をデフォルトで使用するようにしてあります。これら以外の値を使用する場合は、Dockerfile の ENV 命令で環境変数の値をセットするか、もしくは、Cloud Run のサービスとしてデプロイする際に、オプション --set-env-vars で環境変数の値を指定します[注51]。

それでは、まずは、Eventarc からのリクエストを処理するハンドラー関数を前半と後半に分けて説明します。前半部分は次のようになります。

main.py（抜粋）

```
95  # This handler is triggered by storage events
96  @app.route('/api/post', methods=['POST'])
97  def process_event():
98      event = from_http(request.headers, request.data)
99      event_type = event['type']
100     event_id = event['id']
101     bucket_name = event.data['bucket']
102     filepath = event.data['name']
103     filesize = int(event.data['size'])
104     content_type = event.data['contentType']
105     print('{} - Target file: {}'.format(event_id, filepath))
106
107     uid = filepath.split('/')[0]
108     docid = '{}:{}/{}'.format(uid, bucket_name, filepath)
109
110     # Check if the file is pdf
111     if content_type != 'application/pdf':
112         print('{} - {} is not a pdf file.'.format(event_id, filepath))
113         return ('This is not a pdf file.', 200)
114
115     # Delete existing records
116     delete_doc(docid)
117     if event_type.split('.')[-1] == 'deleted':
118         print('{} - Deleted DB records of {}.'.format(event_id, filepath))
119         return ('Succeeded.', 200)
```

注51 厳密には、パスワードなどの機密情報を環境変数にセットすることは推奨されません。本番環境では、Google Cloud の Secret Manager (https://cloud.google.com/run/docs/configuring/services/secrets) の使用を検討してください。

```
120
121     # Limit the file size <= 10MB
122     if filesize > 1024*1024*10:
123         print('{} - {} is too large.'.format(event_id, filepath))
124         return ('File is too large.', 200)
```

　この後でEventarcのトリガーを設定しますが、このハンドラー関数は、Cloud Storageにファイルが保存されたときのトリガーに加えて、ファイルが削除されたときのトリガーからも呼び出されます。それぞれでイベントタイプが異なるので、99行目で、イベントタイプの情報も取り出しています。また、スマートドライブのアプリは、フォルダー/[User ID]の中にファイルを保存しますので、ファイルパスの先頭部分からユーザーIDがわかります。107～108行目では、この方法でユーザーIDを取得して、"[User ID]:[バケット名]/[ファイルパス]"という形式のドキュメントIDを構成しています。

　その後は、ファイルがPDFであることをチェックして（111～113行目）、PDFファイルの場合は、まずは、ドキュメントIDに対応した既存のレコードをテーブルから削除します（116行目）。ファイルが削除された場合のイベントであれば、ここで処理を終了します（117～119行目）。また、スマートドライブのバックエンドと同様に、処理対象のPDFファイルのサイズは、10MB以下に制限しています（122～124行目）。

　この後の処理は、ノートブックでの実装とほぼ同じです。

main.py（抜粋）

```
126     # Store embedding vectors
127     filename = os.path.basename(filepath)
128     try:
129         with tempfile.TemporaryDirectory() as temp_dir:
130             local_filepath = os.path.join(temp_dir, filename)
131             download_from_gcs(bucket_name, filepath, local_filepath)
132             pages = PyPDFLoader(local_filepath).load()
133     except Exception as e:
134         print('{} - {} is not accessible. It may have been deleted.'.format(
135             event_id, filepath))
136         print('Error message: {}'.format(e))
137         return ('File is not accessible.', 200)
138
139     page_contents = [
140         page.page_content.encode('utf-8').replace(b'\x00', b'').decode('utf-8')
141         for page in pages]
142     embedding_vectors = embeddings.embed_documents(page_contents, batch_size=5)
143     for c, embedding_vector in enumerate(embedding_vectors):
144         page = c+1
145         insert_doc(docid, uid, filename, page,
146                    page_contents[c], str(embedding_vector))
```

```
147
148     print('{} - Processed {} pages of {}'.format(
149         event_id, len(pages), filepath))
150
151     return ('Succeeded.', 200)
```

テンポラリディレクトリにPDFファイルをダウンロードして、各ページのテキストから得られた埋め込みベクトルをデータベースのレコードとして追加していきます。データベースにアクセスするための関数delete_doc()、および、insert_doc()は、ノートブックで実装した内容と同じものを事前に定義してあります。なお、139〜141行目でPDFファイルの各ページのテキストを抽出する際に、不正な文字コード（\x00）を削除しています[注52]。142行目のオプションbatch_size=5は、埋め込みベクトルの取得を5ページごとに分けて行う指定です[注53]。

続いて、クライアントからの質問に回答する機能のハンドラー関数です。

main.py（抜粋）

```
154   @app.route('/api/question', methods=['POST'])
155   def answer_question():
156       json_data = request.get_json()
157       uid = json_data['uid']
158       question = json_data['question']
159       question_embedding = embeddings.embed_query(question)
160
161       with pool.connect() as db_conn:
162           search_stmt = sqlalchemy.text(
163               'SELECT filename, page, content, \
164                       1 - (embedding <=> :question) AS similarity \
165               FROM docs_embeddings \
166               WHERE uid=:uid \
167               ORDER BY similarity DESC LIMIT 3;'
168           )
169           parameters = {'uid': uid, 'question': str(question_embedding)}
170           results = db_conn.execute(search_stmt, parameters=parameters)
171
172       text = ''
173       source = []
174       for filename, page, content, _ in results:
175           source.append({'filename': filename, 'page': page})
176           text += content + '\n'
177
178       if len(source) == 0:
```

注52 不正な文字コード（\x00）を含むテキストをデータベースに保存するとエラーが発生するので、念のために削除しています。
注53 ページ内の文字数が多い場合、多数のページをまとめて処理するとエラーが発生することがあるので、念のために指定しています。

```
179            answer = '回答に必要な情報がありませんでした。'
180        else:
181            text_splitter = RecursiveCharacterTextSplitter(
182                chunk_size=6000, chunk_overlap=200)
183            qa_chain = load_qa_chain(llm, chain_type='refine')
184            qa_document_chain = AnalyzeDocumentChain(
185                combine_docs_chain=qa_chain, text_splitter=text_splitter)
186            prompt = '{} 日本語で3文程度にまとめて教えてください。'.format(question)
187            answer = qa_document_chain.invoke(
188                {'input_document': text, 'question': prompt})['output_text']
189
190        resp = {
191            'answer': answer,
192            'source': source
193        }
194
195        return resp, 200
```

　ここでは、クライアントがJSON形式で送信するデータは、uid要素にユーザーID、question要素に質問文のテキストが格納されている前提です。ノートブックで実装したとおり、質問文を埋め込みベクトルに変換して、該当ユーザーが保存したドキュメントの中で関連性が高いページのトップ3を検索するという流れになっています。ただし、該当ユーザーがドキュメントをまったく保存していない場合は、検索で得られるレコードがありませんので、この場合は、「回答に必要な情報がありませんでした。」という定型文を返します（178〜179行目）。それ以外の場合は、LangChainとPaLM APIを用いて、回答文を生成します。

　なお、今回の実装では、検索で得られたトップ3のページの情報をすべて使用して回答していますが、関連性の高さが一定のしきい値以上の情報だけを使うという工夫も考えられます。163〜167行目のクエリーでは、コサイン類似度の値（similarity）も返しているので、この値に対するしきい値が設定できるでしょう。最後に、190〜195行目で、得られた回答（answer要素）と検索で発見されたページの情報（source要素）をまとめて、これをリクエストに対する応答として返します。

　それでは、このバックエンドをCloud Runのサービスとしてデプロイします。まずは、これまでと同じ手順で、コンテナイメージをビルドします。

```
REPO=asia-northeast1-docker.pkg.dev/$GOOGLE_CLOUD_PROJECT/container-image-repo
gcloud builds submit . --tag $REPO/document-qa-service
```

　続いて、ビルドしたイメージを用いてサービスをデプロイしますが、今回のサービスは、Cloud SQLのデータベースにアクセスするので、バックエンド用のサービスアカウントllm-app-backendに、そのための権限を追加します。

```
SERVICE_ACCOUNT=llm-app-backend@$GOOGLE_CLOUD_PROJECT.iam.gserviceaccount.com
gcloud projects add-iam-policy-binding $GOOGLE_CLOUD_PROJECT \
  --member serviceAccount:$SERVICE_ACCOUNT \
  --role roles/cloudsql.client
```

　ロールの追加が反映されるまで少し時間がかかることがあるので、1分程度待ってから次の作業に進んでください。次は、このサービスアカウントを指定して、Cloud Runのサービスとしてデプロイします。スマートドライブのバックエンドと同様に、PDFファイルをダウンロードして処理するため、コンテナに割り当てるリソースと最大の同時リクエスト送信数を明示的に指定します。

```
SERVICE_ACCOUNT=llm-app-backend@$GOOGLE_CLOUD_PROJECT.iam.gserviceaccount.com
gcloud run deploy document-qa-service \
  --image $REPO/document-qa-service \
  --service-account $SERVICE_ACCOUNT \
  --region asia-northeast1 --no-allow-unauthenticated \
  --cpu 1 --memory 512Mi --concurrency 8
```

　ここで一度、コマンド端末からバックエンドサービスにリクエストを送信して、質問に回答する機能が動作することを確認しておきましょう。次の一連のコマンドを実行します。

```
SERVICE_URL=$(gcloud run services list --platform managed \
  --format="table[no-heading](URL)" --filter="metadata.name:document-qa-service")
AUTH_HEADER="Authorization: Bearer $(gcloud auth print-identity-token)"
DATA='{"uid":"dummy_uid", "question":"アジャイル開発のメリットは？"}'
curl -X POST \
  -H "$AUTH_HEADER" \
  -H "Content-Type: application/json" \
  -d "$DATA" \
  -s $SERVICE_URL/api/question | jq .
```

　送信するデータを環境変数DATAに設定していますが、ユーザーIDとして、dummy_uidを指定している点に注意してください。先にノートブックでプロトタイピングを行った際に、このユーザーIDで「アジャイル開発実践ガイドブック」のPDFファイルをデータベースに登録していましたので、このデータを用いた回答が得られます。たとえば、次のような結果になります。

```
{
  "answer": "アジャイル開発のメリットは、フィードバックに基づいて目的に適したシステムに近づけてい
くこと、開発チームの学習効果が高いこと、早く開発を始められること、システムの機能同士の結合リスクを
早期に解消できること、利用開始までの期間を短くできることなどが挙げられる。",
  "source": [
    {
      "filename": "agile-guidebook.pdf",
      "page": 12
    },
    {
      "filename": "agile-guidebook.pdf",
      "page": 9
    },
    {
      "filename": "agile-guidebook.pdf",
      "page": 10
    }
  ]
}
```

　ノートブックでの作業を行っていない場合は、ユーザー ID が dummy_uid のレコードはありませんので、次の結果が返ります。

```
{
  "answer": "回答に必要な情報がありませんでした。",
  "source": []
}
```

　続いて、Eventarc のトリガーを設定します。ここでは、Cloud Storage のバケット [Project ID].appspot.com に新しいファイルを保存する、もしくは、既存のファイルを更新した際のイベント（イベントタイプ google.cloud.storage.object.v1.finalized）と、既存のファイルを削除した際のイベント（イベントタイプ google.cloud.storage.object.v1.deleted）のそれぞれに対して、個別にトリガーを定義します。いずれも、リクエストを送信する Cloud Run のサービス、および、URL パスは共通です。先ほどハンドラー関数の実装で見たように、イベントタイプを見て必要な処理を振り分けています。

　まず、次のコマンドで、1 つ目のトリガーを定義します。

```
SERVICE_ACCOUNT=eventarc-trigger@$GOOGLE_CLOUD_PROJECT.iam.gserviceaccount.com
gcloud eventarc triggers create trigger-finalized-document-qa-service \
  --destination-run-service document-qa-service \
  --destination-run-region asia-northeast1 \
  --location asia-northeast1 \
```

```
--event-filters "type=google.cloud.storage.object.v1.finalized" \
--event-filters "bucket=$GOOGLE_CLOUD_PROJECT.appspot.com" \
--service-account $SERVICE_ACCOUNT \
--destination-run-path /api/post
```

同じく、次のコマンドで、2つ目のトリガーを定義します。

```
SERVICE_ACCOUNT=eventarc-trigger@$GOOGLE_CLOUD_PROJECT.iam.gserviceaccount.com
gcloud eventarc triggers create trigger-deleted-document-qa-service \
  --destination-run-service document-qa-service \
  --destination-run-region asia-northeast1 \
  --location asia-northeast1 \
  --event-filters "type=google.cloud.storage.object.v1.deleted" \
  --event-filters "bucket=$GOOGLE_CLOUD_PROJECT.appspot.com" \
  --service-account $SERVICE_ACCOUNT \
  --destination-run-path /api/post
```

　作成したトリガーが有効になるまで時間がかかることがあるので、2分以上待ってから次の操作に進んでください[注54]。次に、1つ目のトリガーについて、イベント処理のタイムアウト時間を300秒に変更します。アップロードしたPDFファイルのページ数が多い場合、データベースへの登録に時間がかかる可能性があるためです。

```
TRIGGER=trigger-finalized-document-qa-service
SUBSCRIPTION=$(gcloud pubsub subscriptions list --format json \
  | jq -r '.[].name' | grep $TRIGGER)
gcloud pubsub subscriptions update $SUBSCRIPTION --ack-deadline=300
```

　これでトリガーの設定ができましたので、こちらも動作確認を行いましょう。ここでは、前章でデプロイしたスマートドライブのアプリを利用して、PDFファイルをアップロードします。任意のユーザーでアプリにログインしたら、［Delete All］をクリックして、いったん既存のPDFファイルをすべて削除します。その後、「アジャイル開発実践ガイドブック」のPDFファイルを「5.1.2　ノートブックでのプロトタイピング」-「埋め込みベクトルの検索」に示したURLからダウンロードして、これをスマートドライブにアップロードします。
　クラウドコンソールのナビゲーションメニューで「Cloud Run」を選択して、Cloud Runのサービス一覧からdocument-qa-serviceを選択した後、画面上部の［ログ］のタブを選択します。バックエンドのコードが出力したログメッセージが表示されるので、1分程度待ってから下にスクロールすると、**図5-4**のような内容が確認できます。

注54　次に行うタイムアウト時間の変更をトリガーが有効になる前に実行すると、設定したタイムアウト時間が正しく反映されない場合があるので、特に注意してください。

図5-4　バックエンドサービスのログ出力（ユーザーID部分はマスク済み）

```
10173766401790121 - Target file:                              /agile-guidebook.pdf
10173766401790121 - Processed 37 pages of                     /agile-guidebook.pdf
POST  200  675 B  7 ms  APIs-Google; (+https://developers.goo…  https://document-qa-service-nnz
10175014285861080 - Target file:                              /summary/agile-guidebook.txt
10175014285861080 -                            /summary/agile-guidebook.txt is not a pdf file.
```

　ここでは、PDFファイルagile-guidebook.pdfの37ページ分のレコードを処理していることがわかります。また、その後、テキストファイルagile-guidebook.txtのアップロードに伴うリクエストも送信されていますが、こちらは、スマートドライブのバックエンドが要約テキストのファイルを生成して保存したことによるものです。この後、スマートドライブのアプリで［Delete All］をクリックして、アップロード済みのファイルを削除すると、これに伴うイベントのログも確認できます。

5.2.2　フロントエンドのデプロイ

　ここでは、ドキュメントQAサービスのフロントエンドをデプロイしますが、これは、スマートドライブのフロントエンドに機能拡張として追加します。具体的には、前章でデプロイした$HOME/SmartDrive/src以下に**表5-2**のファイルを追加します。pages/index.jsは、すでに存在するスマートドライブのページに対して、新しく追加するドキュメントQAサービスのページへのリンクを追加してあります。

表5-2　フロントエンドにドキュメントQAサービスを追加するためのファイル

ファイル	説明
components/DocumentQA.js	ドキュメントQAサービスのUIコンポーネント
lib/verifyIdToken.js	サーバーコンポーネントが使用するIDトークンの検証モジュール
pages/index.js	スマートドライブの表示ページ（ドキュメントQAサービスへのリンクを追加）
pages/document_qa.js	ドキュメントQAサービスの表示ページ
pages/api/question.js	ドキュメントQAサービスのサーバーコンポーネント

　開発用仮想マシンのコマンド端末で、次のコマンドを実行して、これらのファイルを$HOME/SmartDrive/src以下にコピーします。

```
cd $HOME/SmartDrive/
cp -a $HOME/genAI_book/DocumentQA/src ./
```

そして、次のコマンドで、$HOME/SmartDrive/src をカレントディレクトリに変更します。

```
cd $HOME/SmartDrive/src
```

これ以降は、ここをカレントディレクトリとして作業を進めます。作成するファイルのファイル名は、このディレクトリを起点とするパスで表示します。先ほどコピーした中にある、ドキュメント QA サービスのサーバーコンポーネントは、クライアントからのリクエストをバックエンドに中継するゲートウェイの役割を持ちますが、リクエストの送信先となるバックエンドサービスの URL は、環境変数 DOCUMENT_QA_API から取得します。この環境変数を設定するために、ファイル .env.local を次の内容で作成します。

.env.local
```
DOCUMENT_QA_API="https://document-qa-service-xxxxxx-an.a.run.app/api/question"
```

xxxxxx の部分は環境によって変わるので、クラウドコンソールの Cloud Run のサービス管理画面から確認するか、もしくは、次のコマンドで確認してください。

```
gcloud run services list --platform managed \
  --format="table[no-heading](URL)" --filter="metadata.name:document-qa-service"
```

また、このサーバーコンポーネントは、Firebase の管理 SDK ライブラリと Google の認証ライブラリを必要とするので、次のコマンドで、これらのパッケージを追加します。

```
npm install firebase-admin google-auth-library
```

これで、スマートドライブのフロントエンドにドキュメント QA サービスの機能が追加できました。スマートドライブのフロントエンドを再ビルドして、Cloud Run のサービスとして再デプロイします。まず、次のコマンドでコンテナイメージを再ビルドします。

```
REPO=asia-northeast1-docker.pkg.dev/$GOOGLE_CLOUD_PROJECT/container-image-repo
gcloud builds submit . --tag $REPO/smart-drive-app
```

続いて、フロントエンド用のサービスアカウント llm-app-frontend を指定して再デプロイします。

```
SERVICE_ACCOUNT=llm-app-frontend@$GOOGLE_CLOUD_PROJECT.iam.gserviceaccount.com
gcloud run deploy smart-drive-app \
  --image $REPO/smart-drive-app \
  --service-account $SERVICE_ACCOUNT \
  --region asia-northeast1 --allow-unauthenticated
```

　デプロイが完了するとサービスのURLが「https://smart-drive-app-xxxxxx-an.a.run.app」という形式で表示されるので、ブラウザからこのURLにアクセスします。スマートドライブのアプリ画面の下に「Document QA Service」というリンクが追加されているので、これをクリックすると、先に**図5-3**に示したドキュメントQAサービスが利用できます。スマートドライブで複数のPDFドキュメントをアップロードしておけば、質問の内容に応じて、情報源として参照されるファイルが変わることも確認できます。たとえば、第4章で使用した「インターネットの安全・安心ハンドブック」を追加でアップロードしたうえで、「フィッシング詐欺とは何ですか？」という質問をすると、**図5-5**のような結果が得られます。

図5-5　質問によって情報源のファイルが変わった結果

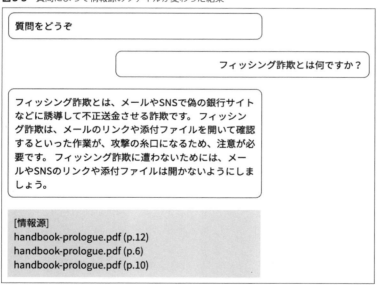

　フロントエンドのコードの内容は、これまでに実装してきたアプリとほぼ同じです。ドキュメントQAサービスのコンポーネントcomponents/DocumentQA.jsは、第3章で実装した「ファッションを褒めるチャットボット風アプリ」のチャット画面の仕組みを再利用しています。また、サーバーコンポーネントpages/api/question.jsは、バックエンドサービスへのリクエストを中継するゲートウェイですので、これまでに実装してきたサーバーと基本的に同じ内容です。

5.3 Vertex AI Searchによる検索サービス

5.3.1 Vertex AI Searchのアーキテクチャー

Vertex AI Search は、Google Cloud の「Vertex AI Search and Conversation」と呼ばれる機能の1つで、検索アプリケーションのバックエンドが簡単に構築できます。**図5-6**のように、社内ポータルサイトや外部公開しているWebサイトに検索アプリの機能を追加します。検索アプリの利用者は、自然言語による問い合わせができて、検索結果についても、検索で見つかったファイルを示すだけではなく、見つかったファイルの内容に基づいて問い合わせへの回答を提示するなど、自然言語モデルを組み合わせた処理が可能です。クラウドコンソールには動作確認用の簡易的な検索ポータルが用意されており、Vertex AI Search を用いた検索アプリの利用イメージが確認できます。

図5-6 Vertex AI Searchを用いた検索アプリケーションの構成

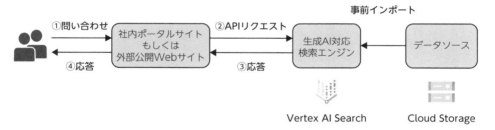

利用イメージとしては、前節で構築したドキュメントQAサービスと似ていますが、この後の手順で見るように、個々のパーツを個別に構築・設定する必要がなく、検索対象とするデータをインポートするだけですぐに利用できます。特に、検索処理の中心となる埋め込みベクトルの検索については、Googleの独自技術を用いたVector Searchの機能が利用されており、膨大なコンテンツに対して高速に検索結果を返すことができます。

5.3.2 Vertex AI Searchの構成と機能確認

Vertex AI Search を構成して、検索機能を実際に確認してみましょう。ここからの作業は、すべてクラウドコンソールで行います。

ドキュメントのアップロード

　はじめに、Cloud Storage に新しいバケットを作成して、検索対象のファイルをアップロードしておきます。ナビゲーションメニューの「Cloud Storage」→「バケット」を選択すると、既存のバケットの一覧が表示されます。ここで、上部の［作成］をクリックします（**図5-7**）。バケットの作成画面が表示されるので、作成するバケットの名前を入力し、その他の項目はデフォルトのままにして、画面の一番下にある［作成］をクリックします（**図5-8**）。バケットの名前は任意ですが、この例では「search-contents」としています[注55]。このとき、公開アクセスの防止に関するポップアップが表示されますが、これはそのまま［確認］をクリックします。

図5-7　「Cloud Storage」→「バケット」を選択して、［作成］をクリック

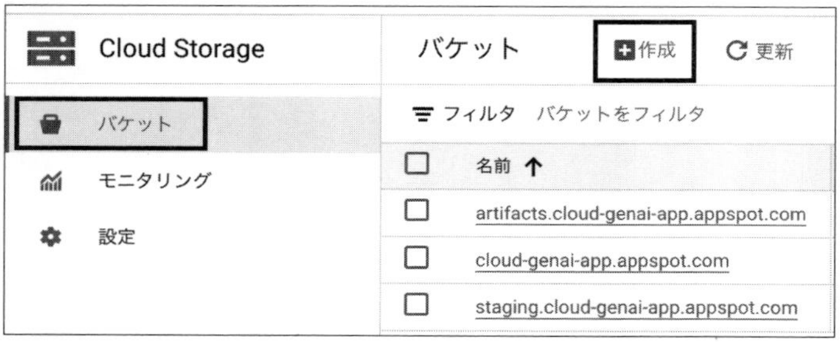

図5-8　バケットの名前を入力して［作成］をクリック

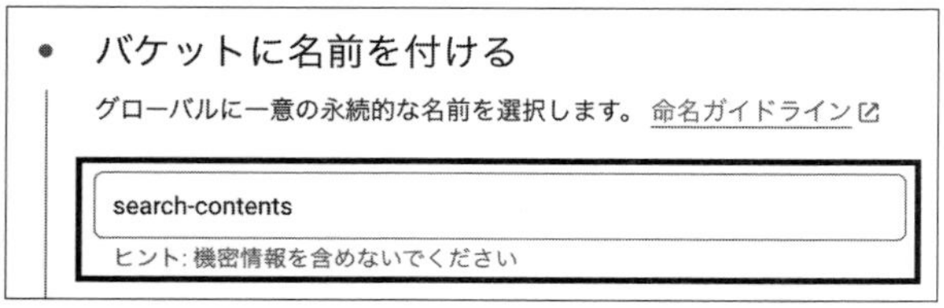

　バケットが作成されると、作成したバケット「search-contents」のファイル一覧画面が表示されるので、ここで、検索対象にするファイルをアップロードします。ここでは、一例として、次の3つのPDFファイルをアップロードします。

● **インターネットの安全・安心ハンドブック（プロローグ）**

　https://github.com/google-cloud-japan/sa-ml-workshop/blob/main/genAI_book/PDF/handbook-prologue.pdf

---

注55　バケット名はWorldwideでユニークである必要があります。つまり、他のプロジェクトですでに使用されている名前は使用できないので注意してください。バケット名の先頭にプロジェクトIDを付与するとユニークな名前を作りやすくなります。

- **アジャイル開発実践ガイドブック**

  https://github.com/google-cloud-japan/sa-ml-workshop/blob/main/genAI_book/PDF/agile-guidebook.pdf
- **デジタル・ガバメント推進標準ガイドライン**

  https://github.com/google-cloud-japan/sa-ml-workshop/blob/main/genAI_book/PDF/standard-guideline.pdf

最初の2つはこれまでに使ってきたものと同じです。最後の1つは、「アジャイル開発実践ガイドブック」と同様に、デジタル庁が一般公開しているドキュメントです[注56]。それぞれのURLを開くと、画面右上のダウンロードボタンでローカルのPCにダウンロードできます[注57]。ダウンロードしたファイルは、**図5-9**の画面にドラッグ＆ドロップするか、［ファイルをアップロード］ボタンでバケットにアップロードできます。

図5-9　ドラッグ＆ドロップでPDFファイルをアップロード

オブジェクト	設定	権限	保護	ライフサイクル	オブザーバビリティ	インベントリ レポート

バケット ＞ search-contents

ファイルをアップロード　　フォルダをアップロード　　フォルダを作成　　データ転送 ▼　　保留を管理　　ダウンロード　　削除

名前の接頭辞のみでフィルタ ▼　　≡ フィルタ　オブジェクトとフォルダをフィルタ　　　　　　　　　　⚫ 削除されたデータを表示

☐ 名前	サイズ	種類	作成日時 ❓	ストレージ クラス	最終更新
☐ 📄 agile-guidebook.pdf	985 KB	application/pdf	2024/01/12 15:13:58	Standard	2024/01/12 15:13:58
☐ 📄 handbook-prologue.pdf	3.4 MB	application/pdf	2024/01/12 15:14:15	Standard	2024/01/12 15:14:15
☐ 📄 standard-guideline.pdf	2 MB	application/pdf	2024/01/12 15:14:22	Standard	2024/01/12 15:14:22

データストアの構成

続いて、Vertex AI Searchを構成していきます。ナビゲーションメニューの「AI」カテゴリーにある「検索と会話」を選択して、Vertex AI Searchの管理画面を表示します。はじめて使用する場合は、「Vertex AI Search and Conversationへようこそ」という画面が表示されるので、［CONTINUE AND ACTIVATE API］をクリックして次へ進みます。このとき、アプリの作成を開始する画面が表示されますが、ここでは、画面左のメニューから「データストア」を選択して、［新しいデータストア］をクリックします。

すると、データソースを選択する**図5-10**の画面が表示されます。ここからわかるように、Vertex AI Searchでは、ファイル以外にもWebサイトのコンテンツなども検索対象にできます。ここでは、「Cloud Storage」にある［SELECT］をクリックします。

注56　https://www.digital.go.jp/resources/standard_guidelines
注57　ダウンロードボタンについては、「3.3.1　Visual Captioning / Visual Q&Aの使い方」の**図3-22**を参照。

図5-10　データソースに「Cloud Storage」を選択

図5-11 の画面が表示されるので、［参照］をクリックして、先ほど作成したバケットを選択した後に、［続行］をクリックします。

図5-11　バケットを選択して［続行］をクリック

次に、**図5-12**の画面が表示されるので、データストアのロケーションに「us（米国の複数のリージョン）」を選択して、任意のデータストア名を入力したら、［作成］をクリックします。データストア名は、ここでは「pdf-datastore」とします。

図5-12 「us」を選択後、データストア名を入力して［作成］をクリック

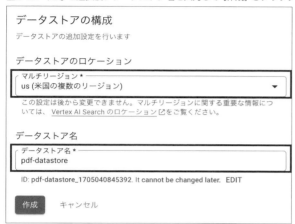

これで、Vertex AI Searchで使用するデータストアが構成できましたが、このデータストアに対する、データのインポート処理が完了するのを待つ必要があります。データストア名「pdf-datastore」のリンクをクリックするとデータストアの管理画面が表示されるので、［アクティビティ］のタブをクリックして「ステータス」を確認します（**図5-13**）。10分ほど待つと「インポートが完了しました」と表示されるので、このメッセージを確認してから次の作業に進みます。

図5-13 データのインポートが完了した様子

検索アプリの構成

　次は、先ほど構成したデータストアをバックエンドとした検索アプリを構成します。画面左のメニューの「検索と会話」をクリックすると、「アプリ」メニューが現れるので、[新しいアプリ] をクリックします（**図 5-14**）。すると、アプリの種類を選択する画面が表示されるので、ここでは、「検索」にある [選択] をクリックします（**図 5-15**）。

図 5-14　「検索と会話」→「アプリ」で [新しいアプリ] をクリック

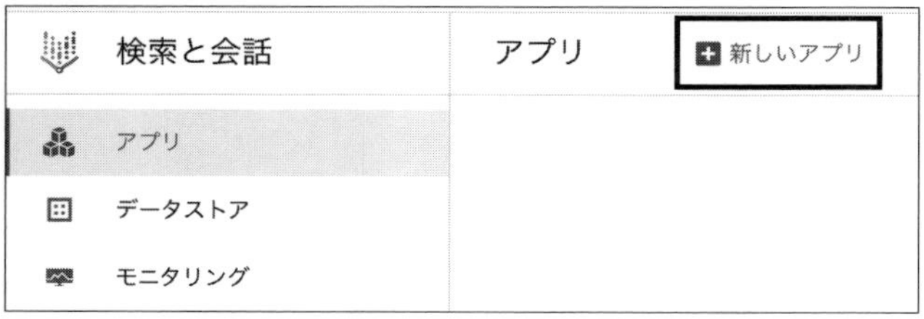

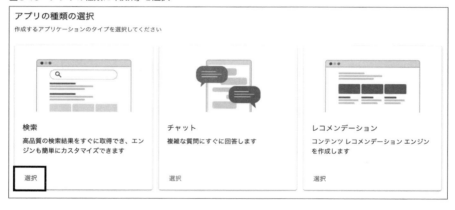

図 5-15　アプリの種類に「検索」を選択

　次に、**図 5-16** のアプリの作成画面が表示されるので、アプリ名と会社名に任意の名前を入力します。また、アプリのロケーションには、「us（米国の複数のリージョン）」を選択して、[続行] をクリックします。なお、この画面には、「Enterprise エディションの機能」と「高度な LLM 機能」の利用を選択するスイッチがあります。これらはデフォルトでオンになっているので、そのままにしておきます。この後の利用例では検索結果の要約が表示されますが、これは、「高度な LLM 機能」によるものです。

図5-16 アプリ名と会社名を入力後「us」を選択して［続行］をクリック

最後にデータストアを選択する画面が表示されるので、先ほど作成した「pdf-datastore」を選択して、［作成］をクリックします（**図5-17**）。これで、Vertex AI Searchの構成は完了です。「Enterpriseエディションの機能」と「高度なLLM機能」が有効化されるまで少し時間がかかるので、5分ほど待ってから次の作業に進んでください。

図5-17 「pdf-datastore」を選択して［作成］をクリック

検索機能の確認

構成した検索アプリの機能を確認します。Vertex AI Searchの検索機能は、APIとして提供されており、本来は社内ポータルや外部公開Webサイトに組み込んで利用することが想定されていますが、ここでは、クラウドコンソールに用意されている簡易的な検索ポータルを使用します。画面左のメニューの「プレビュー」をクリックすると検索画面が表示されます。一例として、「ITガバナンスとは」という簡単なキーワードを入力すると、**図5-18**のような結果が得られます。

図5-18　キーワードで検索した結果

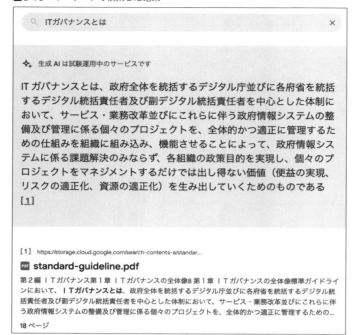

　ITガバナンスについては、事前にインポートした「デジタル・ガバメント推進標準ガイドライン」の中に説明があり、該当部分を検索して、その内容をまとめていることがわかります。説明の下にある検索結果のリンクをクリックすると、該当のページが表示されます。

　また、検索結果のまとめ方について自然言語で指示を出すこともできます。たとえば、「アジャイル開発のリスクを箇条書きで3つにまとめてください」と入力すると、**図5-19**のような結果が得られます。「アジャイル開発実践ガイドブック」に基づいて、指示どおりにまとめた結果になっています。

図5-19 検索結果のまとめ方を指示した例

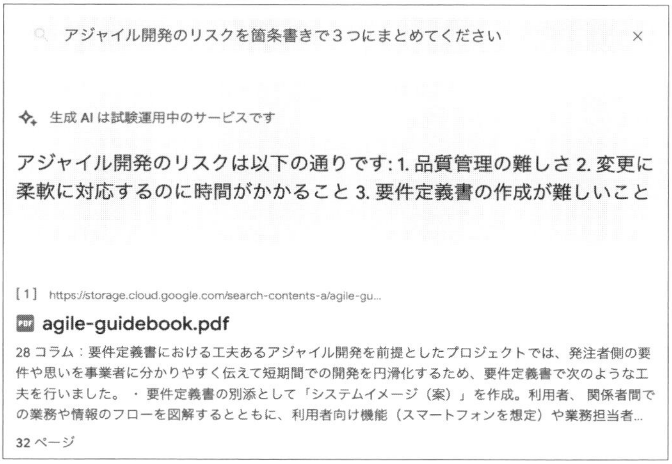

> 🔍 アジャイル開発のリスクを箇条書きで3つにまとめてください　　　×
>
> ✦ 生成 AI は試験運用中のサービスです
>
> **アジャイル開発のリスクは以下の通りです：1. 品質管理の難しさ 2. 変更に柔軟に対応するのに時間がかかること 3. 要件定義書の作成が難しいこと**
>
> [1] https://storage.cloud.google.com/search-contents-a/agile-gu...
>
> 📄 **agile-guidebook.pdf**
>
> 28 コラム：要件定義書における工夫あるアジャイル開発を前提としたプロジェクトでは、発注者側の要件や思いを事業者に分かりやすく伝えて短期間での開発を円滑化するため、要件定義書で次のような工夫を行いました。・要件定義書の別添として「システムイメージ（案）」を作成。利用者、関係者間での業務や情報のフローを図解するとともに、利用者向け機能（スマートフォンを想定）や業務担当者...
>
> 32 ページ

　なお、これらの機能は、バックエンドでPaLM APIの自然言語モデルを使っており、自然言語モデルの特性上、実行ごとに結果が変わる可能性があります。ここでは、期待どおりの結果が得られた例を紹介していますが、本書執筆時点ではVertex AI Searchの生成AI機能は試験運用期間のため、期待に合わない結果が表示される場合もあります。このあたりは、今後のアップデートで改善されていく予定です。

おわりに

　従来の機械学習モデルと比較した際の生成 AI の特徴は、なんといっても使ってみるための敷居の低さにあるでしょう。機械学習や言語モデルの知識がなくても、チャットのインターフェースから日本語で指示を投げれば、何らかの答えが返ってきます。日々の事務作業の効率化に生成 AI を活用しようという方も多く、必要な処理を実現するためのプロンプトの工夫を解説した書籍も人気があるようです。しかしながら、今後、生成 AI の機能は急激に変わっていくことが予想されます。「日々新しく生まれ変わる生成 AI を本当の意味で使いこなす、基礎となる技術を身につける書籍が 1 つくらいあってもいいだろう」── そんな思いから本書は生まれました。

　実際、本書の原稿を書き終えた直後に、Google からは、テキストと画像・映像を同時に処理する新しい基盤モデル Gemini が登場しました。本書の目次を見て、「Gemini が入ってないのか。残念」と思う方もいるかもしれません。しかしながら、Gemini を使ったアプリを開発する方法という意味では、本書で提供する知識の価値は変わりません。一人でも多くの方が、本書を活用して、これから登場するさまざまな生成 AI を使いこなす準備をしっかりと整えてもらえることを期待しつつ筆を置きたいと思います。

参考文献

Google Cloud をはじめて使用する方は、次の書籍で Google Cloud の全体像が把握できます。

- 『図解即戦力 Google Cloud のしくみと技術がこれ1冊でしっかりわかる教科書』― 株式会社 grasys（著）、Google Cloud 西岡 典生（著）、Google Cloud 田丸 司（著）、技術評論社（2021）

Google Cloud での業務システム構築の知識が必要な方には、次の書籍がおすすめです。

- 『エンタープライズのための Google Cloud・クラウドを活用したシステムの構築と運用』― 遠山 雄二（著, 監修）、矢口 悟志（著）、小野 友也（著）、渡邊 誠（著）、岩成 祐樹（著）、久保 智夫（著）、村上 大河（著）、星 美鈴（著）、中井 悦司（監修）、佐藤 聖規（監修）、翔泳社（2022）

本書で使用するプログラミング言語の Python と JavaScript、そして、React、Next.js などのフロントエンド用ライブラリについては、多数の入門書が出版されています。一例を挙げると次のような書籍があります。

- 『独習 Python』― 山田 祥寛（著）、翔泳社（2020）
- 『改訂 3 版 JavaScript 本格入門～モダンスタイルによる基礎から現場での応用まで』― 山田 祥寛（著）、技術評論社（2023）
- 『これからはじめる React 実践入門・コンポーネントの基本から Next.js によるアプリ開発まで』― 山田 祥寛（著）、SB クリエイティブ（2023）

索 引

著者プロフィール

中井 悦司（なかい えつじ）

　1971年4月大阪生まれ。ノーベル物理学賞を本気で夢見て、理論物理学の研究に没頭する学生時代、大学受験教育に情熱を傾ける予備校講師の頃、そして、華麗なる（？）転身を果たして、外資系ベンダーでLinuxエンジニアを生業にするに至るまで、妙な縁が続いて、常にUnix/Linuxサーバーと人生を共にする。その後、Linuxディストリビューターのエバンジェリストを経て、現在は、米系IT企業のAIソリューションズ・アーキテクトとして活動。

　著書として、『［改訂新版］プロのためのLinuxシステム構築・運用技術』『ITエンジニアのための強化学習理論入門』（いずれも技術評論社）、『TensorFlowとKerasで動かしながら学ぶディープラーニングの仕組み』『JAX/Flaxで学ぶディープラーニングの仕組み』（いずれもマイナビ出版）などがある。

Software Design plus

Google Cloudで学ぶ
生成AIアプリ開発入門
—— フロントエンドからバックエンドまでフルスタック開発を実践ハンズオン

2024年5月11日　初版　第1刷発行

著者　　中井悦司

発行者　片岡巌

発行所　株式会社技術評論社
　　　　東京都新宿区市谷左内町 21-13
　　　　電話　03-3513-6150　販売促進部
　　　　電話　03-3513-6170　第5編集部

印刷／製本　昭和情報プロセス株式会社

定価はカバーに表示してあります。

ISBN978-4-297-14171-4　C3055
Printed in Japan

■ Staff

本文設計・組版・装丁　● 株式会社トップスタジオ
担当　　　　　　　　　● 池本公平
Webページ　　　　　　● https://gihyo.jp/book/2024/978-4-297-14171-4

※本書記載の情報の修正・訂正については当該Webページおよび著者のGitHubリポジトリで行います。

■お問い合わせについて

●ご質問は、本書に記載されている内容に関するものに限定させていただきます。本書の内容と関係のない質問には一切お答えできませんので、あらかじめご了承ください。

●電話でのご質問は一切受け付けておりません。FAX または書面にて下記までお送りください。また、ご質問の際には、書名と該当ページ、返信先を明記してくださいますようお願いいたします。

●お送りいただいた質問には、できる限り迅速に回答できるよう努力しておりますが、お答えするまでに時間がかかる場合がございます。また、回答の期日を指定いただいた場合でも、ご希望にお応えできるとは限りませんので、あらかじめご了承ください。

＜問合せ先＞
〒 162-0846　東京都新宿区市谷左内町 21-13
株式会社技術評論社　第5編集部
「Google Cloud で学ぶ生成 AI アプリ開発入門」係
FAX　03-3513-6179